环境设计美学

HUANJING SHEJI MEIXUE

孙 磊 编著

课书房
新/形/态/教/材

高等院校设计类专业新形态系列教材
GAODENG YUANXIAO SHEJILEI ZHUANYE
XINXINGTAI XILIE JIAOCAI

重庆大学出版社

图书在版编目（CIP）数据

环境设计美学 / 孙磊编著. --重庆：重庆大学出版社，2021.8
高等院校设计类专业新形态系列教材
ISBN 978-7-5689-2687-4

Ⅰ.①环… Ⅱ.①孙… Ⅲ.①环境设计—美学—高等学校—教材 Ⅳ.①TU-856

中国版本图书馆CIP数据核字（2021）第104091号

高等院校设计类专业新形态系列教材
环境设计美学
HUANJING SHEJI MEIXUE

孙 磊 编著
策划编辑：周 晓 席远航
责任编辑：张红梅　　装帧设计：张 毅
责任校对：夏 宇　　责任印制：赵 晟

....

重庆大学出版社出版发行
出版人：饶帮华
社　址：重庆市沙坪坝区大学城西路21号
邮　编：401331
电　话：（023）88617190　88617185（中小学）
传　真：（023）88617186　88617166
网　址：http://www.cqup.com.cn
邮　箱：fxk@cqup.com.cn（营销中心）
全国新华书店经销
重庆五洲海斯特印务有限公司印刷

....

开本：787mm×1092mm　1/16　印张：13.25　字数：261千
2021年8月第1版　2021年8月第1次印刷
ISBN 978-7-5689-2687-4　定价：68.00元

....

— 前言
FOREWORD

　　环境设计是一门针对建筑室内外的空间环境,通过艺术设计方式进行整合、设计的实用艺术。美学作为艺术设计学科的重要理论基础,对环境设计具有重要意义。环境设计领域的快速发展,促使我们对环境设计美学的知识体系和课程内容做出更多的探索。目前,国内已出版的设计美学教材多是从美学及艺术哲学的范畴对设计艺术的审美现象进行分析,而针对环境设计专业的具有系统性的美学理论教材尚为空缺。

　　本书立足环境设计专业特性和学科发展,以环境设计学科课程教学内容、方法与设计行业发展应用为基础,系统阐述环境设计美学的理论基础、内容构成和认知方法。全书以环境设计构成要素为结构主线,分为环境设计美学基础、环境设计美学要素、环境设计形式美构成、环境设计空间美感知、环境设计生态美观念、环境设计技术美呈现、环境设计艺术美思潮、环境设计文化美特质八个章节。各章节内容设置以基础理论为架构,采用知识要点与案例分析相结合、作业设置与设计应用相联系的编写思路。作为高等教育环境设计专业教材,本书在编写过程中注重知识体系的科学性、严谨性和完整性,注重理论视角与环境设计学科发展的密切联系;遵循教学的基本规律以及专业特点,结合环境设计学科和行业发展,注重教材的实用性、参与性以及延展性。本书适合环境设计专业的师生及专业人员使用。

　　本书的出版,得益于这个学科领域的专家们先期做出的大胆探索和创新,在此表示衷心感谢。同时感谢周晓、张雄等专家老师给予的宝贵意见。特别感谢刘学娇、田福太、柴方丽在本书编著过程所做的大量工作!另外,还有许多为本书的出版提供帮助和支持的朋友们,在这里向你们致以诚挚谢意!

　　探索的过程肯定会有许多的不足,希望各位从事环境设计教育的专家、同行给予批评指正!

目录
CONTENTS

1 |
环境设计美学基础

1.1 环境与环境设计

1.1.1 环境与环境设计认知

环境是指围绕着和影响着生物体的一切外在状态。它是人们生活实践所依赖的客观自然条件，为人类的生命活动提供了物质前提。

环境设计更多是指，在自然环境的基础上创造出符合人类意志的人为环境。其核心范畴主要包括：

① 以人为中心，研究人的行为特征，考虑人的使用要求，在设计中尽可能地做到方便、舒适、顺畅，以提高人的工作效率和生活舒适度；

② 生态、文化的保护设计；

③ 环境的归属性和认同感；

④ 通过对环境空间的设计，传达美感的信息；

⑤ 要考虑人类行为的多样性与审美趣味的多元性，并与之相适应。

环境设计是一门综合性、系统性学科，解决人—建筑—环境之间存在的各种不协调因素，环境设计不仅是一种艺术性的环境美学和文化在精神层面的信息传递，它还是以物质为载体、以功能性为目的的综合性设计活动。它集功能、艺术与设计于一体，涉及艺术与科学两大领域的许多内容，具有多学科交叉、渗透、融合的特点。正如环境艺术理论家理查德·P.多伯所说："环境设计作为一种艺术，它比建筑更巨大，比规划更广泛，比工程更富有情感。"

1.1.2 现代环境设计的发展

现代环境设计的发展大体经历了三个阶段：

① 环境设计的探索阶段。欧洲的早期现代艺术和新艺术运动促成了审美意识和设计形态的空前变革，特别是在环境领域，而欧美城市公园运动则开启了现代环境设计的科学之路。

② 现代主义设计广泛应用阶段。从 20 世纪 20—30 年代的包豪斯设计学院到现代主义设计国际化兴起并迅速发展，各个国家形成了不同的流派和风格，但都集中表现为现代主义倾向的反传统、强调空间和功能的理性设计。

③ 现代之后的环境设计。一方面，生态主义成为 20 世纪 60—80 年代的设计思想主潮；另一方面，现代之后的"非理性"促成了环境设计的多元化发展。

图 1-1　意大利的佛罗伦萨

　　文艺复兴时期，人文主义发展出一种强烈的以人类为中心的世界观，因此开始认为人类在世界中也具备创造的能力。

图 1-2　勒·柯布西耶

图 1-3　瓦尔特·格罗皮乌斯

图 1-4　路德维希·密斯·凡·德·罗

图 1-5　富兰克·劳埃德·赖特

　　勒·柯布西耶、瓦尔特·格罗皮乌斯、路德维希·密斯·凡·德·罗和富兰克·劳埃德·赖特是现代建筑派或国际形式建筑派的主要代表。他们丰富多变的作品和充满激情的建筑哲学深刻地影响了 20 世纪的城市面貌和当代人的生活方式。

时代不同，设计的发展重点也不同。20世纪四五十年代盛行"优良设计"，即"那种形式与功能完美结合，并解释一种实用的、简洁的、易于感受的设计"。1946—1960年设计学科以创造风格为主诉求，更多地强调造型语言的设计。1961—1980年，阿波罗登月计划的成功标志着系统设计时代的到来，更多的学科，如人机工程学、生态学和材料科学等频繁地进入环境设计领域，并促进环境设计更加科学地发展。1981—1990年，设计学科则以协调管理为主，体现在设计管理学科的融入。1991—2000年，技术战略立足于3R〔Virtual Reality（虚拟现实）、Augmented Reality（增强现实）、Mix Reality（混合现实）〕融入环境设计领域。2001年至今，对设计的创新诉求，在一个更为宽广和深入的层面上，发挥着越来越多的作用。

表1-1　现代设计各发展阶段的主要表现

时间	主题	主要表现
1946—1960年	功能、创造、风格	战后重建、功能主义、优良设计、国际主义风格及批判、公众趣味、商业设计、有机现代主义
1961—1980年	系统、多元、协作	专家批判、公众参与、社会公正、系统理论、控制理论、科学理性、设计方法论运动、无名设计、趣味性设计、波普艺术、高技术风格、人机工程、数理分析、遗产与环境
1981—1990年	协调、意义、生态	理性批判、设计管理、简约主义、后现代主义、符号学、解构主义、绿色设计、生态设计、可持续发展
1991—2000年	全球化、战略、非物质	全球化、战略设计、沟通理论、品牌创造、非物质设计、高科技设计
2001年至今	创新驱动、全球竞争、可持续	设计创新、知识经济、创意产业、全球竞争力、远景、可持续设计、产品服务系统

1.2　美与美学的认识

1.2.1　美的起源

人类就美的本质、美的感觉、美的定义、审美活动等问题进行的讨论和认识，具有悠久的历史。许慎的《说文解字》说："美，甘也，从羊，从大。"宋初徐铉《校定说文解字》明确提出"羊大则美"，即美与感性存在，与人的感性需要、享受、感官直接相关。从原始艺术、原始舞蹈的材料看"羊人为美"，戴着羊头跳舞才是"美"的。美与原始的宗教礼仪活动有关，具有某种社会含义和内容，与人的群体和理性相关联。

美是对人而言的，自从有了人类和人类社会，伴随着人们的生产劳动，人们也就逐渐有了美的意识和美的思想。美是人类社会实践的产物，是人类积极生活的升华，是客观事物在人们心目中引起的愉悦的情感。美学一词来源于希腊语 aesthesis，最初的意义是"对感观的感受"。德国哲学家亚历山大·戈特利布·鲍姆加登的《美学》（*Aesthetica*）一书的出版标志着美学已成为一门独立的学科。正如马克思所言："社会的进步就是人类对美的追求的结晶。"社会的审美标准也折射着社会的文明发展程度。

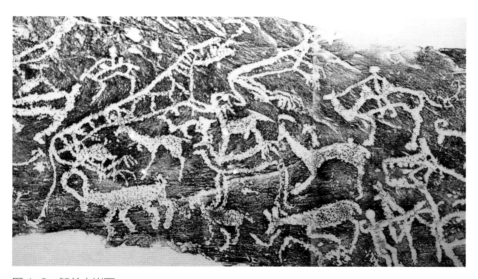

图 1-6　贺兰山岩画

原始时期，人类制作的各种各样的工具、陶器、乐器、饰品，乃至武器以及各种建筑，都带有强烈的装饰性符号。虽然这些符号除了体现美之外，还有其他比如巫术、宗教、制度等功能，但从这些原始符号的绘制、设计及排列方式中，已经可以看出这一时期的人类产生了美的观念和美感。

图 1-7　编钟

中国古代乐器分八音，即金（钟等）、石（磬等）、土（埙等）、革（鼓等）、丝（琴瑟等）、木、匏（笙等）和竹（管箫等）。

图 1-8　亚历山大·戈特利布·鲍姆加登与《美学》

1.2.2　美学的探索

美学是一个非常复杂的问题，古今中外许多伟大的哲学家、思想家、艺术家都对美学思想的本质进行了探索和研究。古希腊哲学家苏格拉底和柏拉图对美有许多论述。柏拉图在《大希庇阿斯篇》中记叙了苏格拉底最先提出了"美是什么"的问题，并对美的本质进行了系统的探讨，最后承认未能最终解决美的问题，以"美是难的"结束。

西方美学的真正源头古希腊哲学家毕达哥拉斯，提出了"美是数的和谐"的理论观点，为美学的发展奠定了牢固的基石。笛卡尔在《第一哲学沉思集》中提出"我思，故我在"的著名命题，认为"美和愉快的都不过是我们的判断和对象之间的一种关系"。大卫·休谟《人性论》认为，对于美决定性东西还在于"人性本来的构造"、习俗或者偶然的心情。德国古典哲学创始人康德在其《判断力批判》一书中提出：审美判断是"凭借完全无利害观念的快感和不快感，对某一对象或其表现方法的一种判断"，是"唯一的独特的一种不计较利害的自由的快感"。黑格尔在《美学》中指出"美是理念的感性显现"，"正是概念在它的客观存在里与它本身的这种协调一致才形成美的本质"。自然美是理念发展到自然阶段的产物，艺术美是理念发展到精神阶段的产物，艺术美高于自然美。桑塔耶纳在《美感》中给出了一个"美"的定义：美是积极的、固有的、客观化的价值。车尔尼雪夫斯基在《艺术与现实的审美关系》中提出了"美是生活"的定义，坚持美以及艺术都来源于现实生活，强调现实美高于艺术美，反对纯艺术论。普列汉诺夫在《再论原始民族的艺术》中指出：社会人看事物和现象，最初是在功利观点上，到后来才移到审美观点上去。人类以为美的东西，就在于它对人的生存、斗争有用有意义。功用由理性而被认识，

图 1-9　毕达哥拉斯

图 1-10　大卫·休谟

图 1-11　康德　　　　　　图 1-12　黑格尔　　　　　　图 1-13　车尔尼雪夫斯基

美则凭直感的能力而被认识。

回顾人类关于美的思想发展史可以看到，人们已经认识到美不是具有可感形态的个别具体事物，美是同个别具体事物相联系的抽象事物，是个别具体事物具有的能够让人产生美感的性能和原因，是同人的生存发展需要、功利或价值相联系的认识对象。但是，由于受到以往哲学本体论和认识论的限制，人们关于美的本质、美的定义、审美问题的观点还存在一些缺陷和不足，也存在较大争议。

1.2.3　美学的本质

① 美学是关于美的科学。美学是以对美的本质及其意义的研究为主题的学科。美学的基本问题包括美的本质、审美意识同审美对象的关系等。

② 美学是艺术的哲学。美学是哲学的一个分支，研究的主要对象是艺术，但不研究艺术中的具体表现问题，而是研究艺术中的哲学问题，因此被称为"美的艺术的哲学"。现代哲学将美学定义为认识艺术、科学、设计和哲学中认知感觉的理论和哲学。

③ 美学是以审美经验为中心研究美和艺术的科学。审美经验是西方美学的核心概念。人们在观赏具有审美价值的事物时，直接感受到的是一种特殊的愉快经验。西方现代美学对审美经验的解释可以分为两大类型：一种是主观论的解释，强调审美态度的作用；另一种是客观论的解释，强调审美对象的作用。在客观论者看来，审美经验最主要的源泉在于审美对象本身所具有的审美特质。

④ 美学是对美学词汇进行语言分析的科学。美学分析文化背景、思维方式和艺术形态等多个方面，西方分析美学秉承分析哲学的语言分析方法，中国传

统美学推崇妙悟，通过体验通达最高的无言之美，更重视语言之外的心灵体验。

⑤ 美学是关于审美价值的科学。审美价值是在审美对象上能够满足主体的审美需要、引起主体审美感受的某种属性。美学主要探究审美价值的生成及其性质；审美活动、审美对象对于审美主体的个人、集体乃至整个人类社会的审美价值的生成有着巨大影响；审美价值的确立标准是其在历史发展过程中形成的。

1.3　设计美学的定义及其研究内容

设计活动是一种随着人类的产生和发展而出现、发展的社会实践，与人的生产活动和生活实践密不可分，是一个时代文化创造的综合体现。

1.3.1　设计美学的定义

设计美学是一门在现代设计理论和应用的基础上，结合美学与艺术研究的传统理论发展起来的新兴学科。设计美学将现代设计活动与美学原理相融合，探索在设计艺术活动过程中的美学问题，是一种基于美学规律的应用性美学。

1.3.2　设计美学的研究内容

设计美学针对现代设计审美、艺术与技术结合的问题，提出合理的方式和途径。设计美学的研究内容：

（1）人与物

传统美学强调"以人为本"的设计理念。设计美学所追求的最高境界是人与物、人与环境、人与自然的和谐统一。

（2）技术与艺术

现代设计是在工业技术发展的基础上，艺术直接介入技术的结果，设计直接受制于现代科学技术的发展水平。材料、信息等与技术发展有关的因素，都会影响设计的艺术表现效果。设计的艺术表现虽然是形而上的、超技术的，但必须要关注现实审美观念的变化，主动接受因技术变化导致的社会时尚、审美趣味等的变化。设计要善于发挥现代技术的优势、特点及现代材料的审美特性。

（3）功能与形式

功能是指与产品相关的基本功用、技术、理念等物质性因素。不同于纯艺术，设计首先注重的是现实功利性，功能也是设计美的构成因素。另外，设计也要重视造型、色彩、装饰等审美性因素，这是人们对现代产品以及与产品有关的精神性需求。现实功利性和审美形式同样重要，忽视了功能，设计的物质内涵会受到极大影响。同样，忽视了形式，等于无视人们对设计的精神需求。

（4）主观与客观

纯艺术的创作是自由的，属于主观性活动，是艺术家个体的情感表现行为。设计虽然也需要创作自由，需要主观表现，但这种自由和表现是有限度的，必须符合客观要求。设计必须把广大消费者和社会大众的接受度看作是首要的，简言之，设计就是一种设计师和社会大众沟通的客观活动。

设计美学有设计学与美学的双重特点，设计美学探索设计艺术美的本源、创造与体现的基本规律，兼具功能性与审美性。设计美学作为社会生产方式发展的现实需要，突出设计现实应用化特征，是美学和艺术理论走向大众和现实应用的必然。同时，受现代哲学、艺术学以及心理学等多领域跨学科知识的影响，基于美学角度的审美评价与判断，设计美学综合性、多元化的特征表现得更为突出，是现代设计美学鲜明的时代特征。

1.3.3 我国设计美学的发展

（1）工艺美学阶段

我国设计美学的研究始于 20 世纪 50 年代初学者们对工艺美学的研究。20 世纪 50 年代初至 80 年代初为工艺美学阶段，以工艺美术为特点的手工艺设计为这一阶段的主要研究对象，"由此产生了以工艺美术为研究对象的工艺美学"。工艺美学的代表人物主要有雷圭元、张光宇、王家树、田自秉、王朝闻等。

（2）技术美学阶段

改革开放之后，李泽厚、宗白华、钱学森等开始关注并倡导研究"技术美学"，我国设计美学转向以"迪扎因"为研究对象的技术美学。这段时期被认为是设计美学研究的第二阶段——技术美学阶段，其研究对象是"科学美和技术美"。具体而言，首先表现在以大工业生产劳动为核心的社会实践过程中，其次表现在静态的成果即技术产品上。"技术美学"是在现代生产技术逐渐引入我国后产生的，是对现代生产技术在审美领域的表现的直接回应。

（3）设计美学阶段

从 20 世纪 90 年代中期开始，我国设计美学进入第三阶段，即设计美学阶段。这个阶段意味着"当代设计美学走出西方技术美学的影响，试图形成更具独立性的当代设计美学体系"，具体表现为无论是在设计美的创造还是在对设计美的反思——设计美学建构中，西方话语开始被淡化，民族话语则逐渐受到重视，这是中华民族近代以来重拾民族自信的重要收获。

从 1989 年翟光林的《设计美学》出版以来，章利国、邢庆华、李龙生、陈望衡、徐恒醇、李超德、梁梅等学者撰写、编著了以"设计美学"命名的著作与教材30多本，以"设计美学"命名的论文也数不胜数。目前已有的研究成果主要表现在以下几个方面：

① 设计美学学科基础建设的研究。这类研究主要关注设计美学学科建设的基本问题，包括设计美学的学科性质、研究对象、研究范围与范畴等。翟光林、徐恒醇、章利国、李超德、陈望衡、张黔、李龙生、邢庆华、黄柏青、梁梅等均有以"设计美学"命名出版的书籍。

② 设计美学史与设计美学思想史的研究。这类研究既包括对设计美学史与设计美学思想史的整体研究，也包括对设计史中具体个人设计美学思想的研究。比如杭间的著作《中国工艺美学思想史》和《中国工艺美学史》，姚丹的著作《先秦设计美学思想研究》，李砚祖的论文《"材美工巧"：〈周礼·冬官·考工记〉的设计思想》《"目意中绳"：韩非子设计思想评述》，陈望衡的论文《〈园冶〉的环境美学思想》等。

③ 具体设计实践领域的美学研究。具体设计实践领域极为广泛，因此，相关的设计美学研究论文数目也非常惊人。比如园林设计美学、室内设计美学、服装设计美学等，不胜枚举。

图 1-14　《中国工艺美学史》封面

1.4　环境设计美学的研究对象及特征

1.4.1　环境设计美学的研究对象与内容

环境设计美学将美学的内涵和原则贯穿于整个空间设计和环境构成各要素，通过美学要素的运用和审美观的分析，为环境赋予历史文脉、艺术风格和审美取向等精神情感因素。环境美学的研究对象就是环境设计客体和环境审美主体两个方面，它围绕环境美学的本质展开对环境设计的内容和形式规律的研究，同时对环境美的结构、特征等方面进行探讨研究。

环境设计美学涉及规划、城市设计、建筑、园林、雕塑、室内设计等诸多领域，涵盖人类物质文明和精神文明发展，是经济、文化、社会、时代的综合体现。

1.4.2 环境设计美学的特征

（1）功能性特征

环境设计必须首先满足人们的基本使用功能，即功能要求，包括实用功能、认知功能和审美功能。现代环境艺术需要满足人们的生理需要，即环境艺术设计完成后，需要达到使人们的物质生活更加完备或者更加便利的目的，这是现代环境艺术设计实用性的体现。环境设计的审美性建立在实用性的基础上，同时也是对适应性的延伸，它需要通过构造意境或者氛围来给予人们更好的审美体验。

（2）社会性特征

设计和现代设计美学是一定历史条件下时代和社会催生的产物，是社会实践的结果，凝聚着丰富的社会意义。审美和美学从来就不是孤立的文化现象或实体，它们是文化整体的一个组成部分，是在一定的社会关系、社会制度的基础上产生并发挥作用的——这是人类审美认知的一个重要理念。社会的发展、时代的进步、美的定义及其理论领域的观念也必然与时俱进，不断更新和发展。

（3）审美性特征

设计活动是一种基于现实应用的艺术创造活动，因此与功能性特征紧密联系的是审美性特征。设计的艺术性和审美性首先体现为设计是一种美的造型艺术或视觉艺术。环境设计审美性将计划、规划、设想和解决问题的方法通过美的形式和语言传达出来。

（4）时代性特征

设计美学的时代性特征决定了设计的审美趣味，也造就了环境设计美学形态的各种风格、流派。准确把握时代潮流，是对每一个设计师最起码的要求，也是环境设计美学的重要特征。

（5）创新性特征

创新和创造是现代设计的基本要求。设计的本质就是创新。人们的审美心理蕴含着求新、求异、求美的内在要求。设计的创新，包含着不同的层次，它可以是在原有基础上的改良，也可以是完全的创新。

（6）技术性特征

设计是建立在技术基础之上的应用学科。技术因素是设计美学的物质基础和依托，影响并决定了设计审美风格的形成。工业文明的发展，使机器化大生产取代了传统的手工业生产，工艺美学也被现代设计美学所取代。工业时代的大批量、标准化生产方式，使功能、理性成为基本的审美法则。技术促进和改变着环境设计的发展，也影响着人们的审美方式和审美追求。

（7）多样性特征

环境设计多学科的交叉与融合，构成了环境艺术的广泛外延和丰富内涵。现代环境设计需要满足不同对象或者人群的需要，环境艺术设计作品、设计理念和设计风格呈现出多样性的特点。科学技术和社会文明的迅速发展，也促进了环境设计审美价值观、审美标准和流行趋势的多元化发展。

1.4.3　环境设计美学的意义

环境设计美学建立在科学技术和艺术相结合的设计层面。环境设计美学将美学的核心放到人类环境设计活动中，用美的观念指导环境设计的过程，把一切与人和环境相关联的内容囊括于视野之内，以解释环境设计与审美需求之间的内在关系，主导现代设计美学在环境空间设计体系中的作用。

随着科学技术和文化观念的进步，人们对环境设计的认知和要求不断提高。全面认识和了解环境设计美学，对更好地促进人与环境的协调发展，创造出更加和谐的人类环境具有重要意义。

知识重点：

1. 美的认知与美学本质。
2. 设计美学的研究内容。
3. 环境设计美学的研究内容。

作业安排：

1. 运用章节知识，拓展学习国内外设计美学研究成果。
2. 结合设计实践，分析环境设计美学的特征。
3. 结合专业视角，思考环境设计发展的多元化美学特征。

扫描二维码，
学习更多知识。

2|
环境设计美学要素

审美作为人类理解世界的一种特殊形式，是人们诉诸感性直观的活动。美不是自然存在，而是与人相关的存在。美的本体不是自然的本体，而是与人相关的本体。人们的审美心理存在着个体差异，审美取向具有鲜明的主观主义色彩。

2.1　审美关系与设计对象

在艺术领域、自然界或日常生活中，凡是审美对象，都具有可感知的形象性。形象是事物自身的形式特征，所以审美是对形式的观照，美只能在形象中出现。凡具有审美价值的事物都具有某种形象性，但并非所有的形象都具有审美价值。美是一种肯定性审美价值。

人的审美关系是由两个基本条件构成的，一是审美对象，这个对象必然是美的，只有具备了美的特性，才能引起人们审美的感受与评价。二是审美的主体，即具有能唤起情感体验和评价美的能力的人。人在欣赏审美对象的过程中，要有相应的心理功能和心境。

环境美学的研究对象，概括地说，就是环境设计的客体和受众审美主体两个方面。它围绕环境美的本质，对设计内涵，思维方式，美学思想的产生、发展和演变以及环境审美意识、审美标准、审美心理过程，展开对环境美学的内容和形式规律的研究。

2.2　环境设计的审美观念

环境设计的审美观念是一种从环境的视角对设计进行美学思考的过程，这种思考方式建立在人、环境和设计和谐统一的基础上。

从 19 世纪末 20 世纪初的新艺术运动开始，现代设计发展覆盖了建筑、工业设计、环境设计及建筑装饰等诸多领域。这一运动是传统审美观与工业化发展进程中所折射出的新的审美观念之间矛盾的产物。受当时抽象绘画艺术的影响，哲学否定传统与固有的形式，宣扬非理性主义与世界主义；设计在造型语汇与形式上追求简洁与明快，由大界面、大曲面、大色块代替传统冗繁的精细装饰。这些新的形式美学观念，也反映到了当时的环境设计领域，创造了许多新的园林设计形式和室内空间装饰。

图 2-1 布鲁塞尔都灵路 12 号住宅

　　布鲁塞尔都灵路 12 号住宅是霍尔塔设计的被视为比利时第一座新艺术建筑的塔塞尔住宅。住宅的室内和室外强调和谐统一，采用如枝蔓缠绕般的曲线和螺旋蜿蜒的纹样，以表达自由精神，这一特点被誉为"比利时线条"。

形式和功能的审美价值观作为环境设计领域的审美主流贯穿了整个 20 世纪，但在不同的历史发展阶段，尤其是 20 世纪下半叶，还充斥着很多其他的价值观。生态价值取向关注人类与自然的关系，和谐共生即是美的，因此即便是在人类活动过的废弃地中自然生长的杂草、废渣、旧设备都能构成环境设计元素。促使艺术大众、生活化的审美价值取向，则将日常生活的物品或过程视为艺术的素材，彻底抛弃了经典和权威。后现代强调借鉴历史传统，恢复了对历史的延续。在后现代阵营中，对历史的态度也各有不同，有后现代主义的拼贴，有类型学、结构主义的提取，也有解构主义的"消解"。面对现代主义单一的、国际化的审美文化价值观，多元化的文化价值观开始更多地强调地域文脉在设计中的体现，使不同历史、不同地域、不同风格的文化得以共生和弘扬。

2.3　环境设计的审美途径

2.3.1　审美感知

审美感知是具有审美感受力的感觉、知觉。英国夏夫兹博里和哈奇生认为审美感知不是视、听感官，而是一种超视听的、高级的接受观念的能力，是人生而具有的"内在的眼睛"或"内在感官"，即人的心灵。法国狄德罗认为美不是全部感官的对象，只有视、听感官才是审美感官，才能感知客体的美。德国黑格尔也认为艺术的感性事物只涉及视、听两个认识性的感觉。弗·费希尔认为真正的审美感官是视觉、听觉，但味、嗅、触觉也是间接的审美感官，在特定条件下能够在一个审美的整体中协同作用。在审美感官的作用上，英国经验主义美学认为审美感官的感觉功能决定着美感的有无、强弱、性质，美感是感官直觉对象产生的生理、心理的快感。理性主义美学则认为感官只能感知到事物的其他特征，不能感受到事物的美，只有心灵、理性才能把握美。这些对审美感官的不同见解反映了对美的本质，即美感源泉、性质的不同认识。

环境美学的感知评价主体是以环境和环境的物质呈现为载体。审美的感知能力，主要是在后天长期审美实践、学习、训练中形成的心理功能，具有特定的社会历史内容，它是生理与心理、遗传性与后天获得性、自然性与社会性的统一体。不同时代从事不同审美实践的人，具有不同审美心理结构、审美经验，其审美感官的敏感性、感受力、判断力各不相同。

2.3.2　审美心理

审美作为一种情感疏理与价值判断活动，涉及一系列复杂的心理活动。18世纪英国经验派美学开创了从心理学角度研究审美现象的路径。审美心理是人对客观对象美的主观反映，是审美主体在审美活动中表现出的特殊心理，包括人的审美感知、情感、想象、理解等。人的审美心理产生于人类的生产和社会生活实践，审美观对审美心理起着导向作用。它是在人的日常心理活动的基础上，逐渐发展形成的。

情感是美感心理形式中最突出的一种因素，是指人对客观存在的美的体验和态度，往往作为审美与艺术的象征和内涵特质。"美感"就是引导我们更好生存的一种"情感"，情感与美学是紧密融合、不可分离的。情感赋予了美更加深刻的内涵，美的存在不仅限于形式上的视觉冲击，更多的是心理、精神上的慰藉。

2.3.3　审美体验

体验，是一种生命活动的过程，体现为人主动、自觉的能动意识。审美体验作为人的一种基本的生命活动，也被视作一种意识活动，可以称为最高的体验，最能够充分展示人自身自由自觉的意识，以及对理想境界的追寻。

审美体验是形象的直觉。所谓直觉是指直接的感受，不是间接的、抽象的和概念的思维。审美体验受审美主体的性格和情趣的影响而发生变化，审美体验的直觉不是一种盲从，而是一种扎根于审美主体的自身文化、学识、教养的高级直觉。

2.4　环境设计的审美因素

2.4.1　环境审美的整体性

环境审美的对象定位于广大的整体领域，而不是孤立的个体。这就要求欣赏者将美从传统的艺术美的标准中解放出来。环境美是综合了自然美、艺术美、社会美的复合体，是整体的环境关系，即由客观环境、个人环境以及社会环境三个方面共同构造的有机整体。环境审美不仅要对建筑、场所等外观形态层面进行关注——这仅仅是对客观环境的表面理解，还要全面地考虑环境，考虑人在不同时期遇到的各种情境和心理感受，从而关注设计与生活的连续性。

2.4.2　环境审美的综合性

环境审美的综合性即对环境与设计的欣赏需要调动全部的感觉器官，而不像艺术品欣赏主要依赖于某一种或几种感觉器官。环境审美是环境多重感知的综合作用，是人与环境相互渗透、相互融合的过程。在这一过程中，人的整个感觉系统都被调动了起来，从而最大限度地发挥感知周边环境的能力。

2.4.3 环境设计审美的时空性

环境设计审美具有时空性，是时间、空间和运动等多方面全方位的审美感知和价值判断。环境始终受到时空变换的影响，是动态的而非静止的。这种动与静的对比，正是环境与个体设计作品的区别所在。在以个体形式出现的设计作品中，其形态、颜色、声音是相对静止的，偶尔的变化也是其自身的一种运动，与周边环境隔绝使得观赏者的体验与设计作品之间存在着某种隔阂。环境的审美发生在特定的时间和空间，其中蕴含着审美发生瞬间人及环境在特定时刻的动态。

图 2-2 皖南民居——宏村

宏村是中国古村落的典范，建筑粉墙黛瓦、错落有致，它不是以单体建筑为美，而是以群体建筑的组合展现出的空间和时间上的有序变化为美。宏村规划因势利导，创造了集生态、形态、情态于一体的人居环境，成为安徽地区民居的代表，也成为全世界的文化遗产。

2.5 环境设计的审美范畴

范畴一词是科学理论中的基本概念，是人们对事物认识的一种概括，它反映了外在因素与人的客观世界的各种特性和关系。范畴体系建立在逻辑与历史相统一的基础之上。真、善、美是哲学的核心范畴，从美出发，将设计领域中不同特点的美概括为相应的审美范畴，只有运用美学原理来研究环境设计，才能总结出规律性，从而全面认知环境设计美学，不断发展创新环境设计。

2.5.1 形式美

形式美是指事物的形式因素本身的结构关系所产生的审美价值。完形心理学认为，人的心理会与形式因素在情感上产生契合和共鸣，通过对形式因素的感知产生特定的审美经验。形式感构成了人审美感受的基础，也是人审美活动的重要内容。

理解形式感的形成原理是认识形式美本质和根源的前提。形式美的形态特征很多，其中最基本的一种是多样统一，即和谐，它体现了形式秩序。形式美的法则与自然规律相吻合，这种吻合并不是形式美具有审美价值的直接原因，形式美的存在是以主体需要为依据，以人的审美感受为前提的。形式美作为审美存在是有条件的，也是相对的。

图 2-3 雪花

在自然界中，人们最容易直观感受到形式美的魅力。雪花在显微镜下呈现六角形针状结晶，雪花晶体结构精巧和组合多样性，体现了自然界的对称性与和谐统一。

2.5.2　技术美

从旧石器时代各种石器工具的制造开始，人们在追求效能的同时就不断进行着形式的改进，由此激发了美的萌芽，开拓了新的审美视野，提供了新的审美价值。技术美不仅是人类社会创造的第一种审美形态，也是人类日常生活中最普遍的审美存在。技术美的感受，并非出自对技术功能的享用或科学检验的认同，而是一种对形式的观照，它体现出创作与目的性相结合所达到的一种自由境界。

2.5.3　功能美

现代环境设计是一种实用性的艺术，它本身具备服务性的功能，所以现代环境设计完成作品的过程，是一个必须尊重人的根本利益的过程。技术美展示了物质生产领域中美与真的关系，它表明人对客观规律性的把握是设计审美创造的基础和前提。功能美则展示了物质生产领域中美与善的关系，设计的审美创造总是围绕着社会目的性进行，从而使设计形式成为环境功能性的体现、人的需要层次及发展需求的表征。

2.5.4　艺术美

赫伯特·里德从艺术构成的分析中归纳出两类艺术：一类是人文主义艺术，它具有再现性和具象性，是对社会生活的形象摹写；另一类是抽象艺术，它具有非具象性和直觉性，体现了形式美的规律。

审美是艺术的特性，设计艺术的各种社会功能的发挥，都要通过审美的传达和形象的表现来完成。

美是艺术审美价值的集中体现。艺术的审美价值总是与特定的时代、民族和地域文化相关联，不同的艺术理想也有不同的价值追求。艺术美一方面更集中、更概括地反映了客观存在的现实美；另一方面又是设计者精神创造的产物，融合了设计者的审美理想、趣味和感受。所以，艺术美既源于现实美，又比现实美更集中、更深刻地反映了社会生活。

2.5.5　生态美

审美是以人的社会实践为基础形成的人类文化生存方式和精神境界，它是人的生命活动向精神领域的拓展和延伸。生态审美观正是以生态观念为价值取向而形成的审美意识，它体现了人对自然的依存和人与自然的休戚相关。生态审美意识不仅是对自身生命价值的承认，也不只是对外在自然美的发现，它还是人与自然生命的共感与欢歌。它超越了审美主体，将自身生命与包括整个社会、自然在内的客观世界和谐交融。

图 2-4 埃菲尔铁塔

　　为纪念法国大革命 100 周年和迎接 1889 年巴黎世界博览会修建的埃菲尔铁塔由法国工程师埃菲尔设计，当时新兴的工业材料——钢铁，以及精湛的技术结构设计，确保了这一工程的顺利实施。铁塔高 300 米，连同后加的电视天线共 324 米高，总重量为 9000 吨，由 12000 个构件用 250 万个铆钉组装而成。塔身带有三个平台，由于铁塔采用了通透性结构，所以具有良好的抗风性能。一百年来铁塔已经完全融入了巴黎人的日常生活，融入了巴黎的整个景观中。铁塔的功能实现了"向外看"与"被看"的有效循环。当人把目光投向铁塔的时候，它是人们观赏的对象；而当人登上铁塔看巴黎时，它又成了观赏的视点。在作为观赏目光与观赏对象的交替中，不断生发出超越铁塔之外的各种新的意象。铁塔正是借助这种换喻关系，成为巴黎的象征。

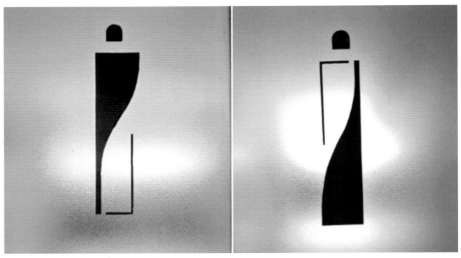

图 2-5　环境设计中过度设计导致的功能实用性缺失

在环境设计中，过度追求美感而忽略了功能的设计。比如隐藏的消防设施、过于抽象的洗手间导视，以及在"无障碍空间设计"中将导盲砖作为地面拼图铺装。忽略功能美的环境设计，也就失去了设计的意义。

图 2-6　深圳优美的城市生态环境

图 2-7　人与环境和谐的城市环境

　　生态美与自然美的范围极其广泛，它不仅表现在人与自然的关系中，而且表现在人的生活方式和社会生活的状态之中。比如城市景观的生态审美内涵不仅包含优质的生活环境，而且包含了环境的宜居性、交通秩序的通畅性、布局的合理化和情感化、城市功能和结构的多样性等。生态美涉及人的整个生命体验过程，直接关系到人的生存状态。

　　在环境设计的审美过程中，客观环境、个人环境和社会环境三者共同构成了广义上的环境。因此，人们可以用欣赏的方式来审视身边环境中的一切，无论是有生命的还是无生命的，是有形的还是无形的，是运动的还是静止的，是自然的还是人工的，都可以成为环境设计的影响或决定因素，共同构成环境审美体验的对象。

2.6 设计审美的多元化发展

从美学的发展史来看，不同时代、地域、生存环境、生活方式的改变都直接影响着人们的审美风尚和艺术形式的变化。德国美学家韦尔施指出："今天，我们生活在一个前所未闻的被美化的真实世界里，装饰与时尚随处可见。"审美文化由精英化向大众化的转变，使得人们对外来文化持兼容并蓄的态度，人们已经能够接受多角度、多方位的各种形态与样式的设计。在当代，追求个性表达具有广泛的哲学文化基础。多元价值观的冲击使人们的审美感受更加个性化，审美趣味日趋多样化，审美能力不断提高，审美观念不断更新，整个社会认知的包容性使当代人的审美需求也趋于多元化。

当今社会经济快速发展，文化和信息交流更趋频繁，设计审美理念的变化对设计的发展产生了重要的影响。

（1）多元化审美带来丰富多彩的设计理念，有助于促进个人审美标准的提升与修正

在当代环境设计思潮中，因审美倾向不同而形成了诸多设计流派，如后现代派、高技派等，都是以不同的审美观为基础。人们对美的理解不再紧跟潮流，而更加注重个人的感受。

图 2-8　图像与空间结合的公共空间"轻改造"设计

（2）多元化审美极大地鼓励了创新意识

现代人求新、求异、求变的心理需求日益增长，不仅促进了设计创造功能的不断强化，也使人们对独创性这一设计特征越来越注重。这个"新"可以是以创造性的"新"为主体，也可以是以改良性的"新"为主体。人们的创新欲望在审美多元化的社会需求的鼓励下将得到前所未有的自由发挥。

（3）审美的多元化对设计创新的诉求也直接影响到材料的运用、加工工艺等技术要素，无形中为新技术、新材料的更好发展创造了空间

审美需求和观念表达是艺术的两大功能特点，设计者只有牢牢把握受众的审美需求，才能找到合适的表达方式，创作出符合受众审美需求的设计作品。

多元化审美趋势，使现代环境设计更加强调设计理念，更加尊重人的主观感受，同时也更加注重人与自然的和谐关系。

扫描二维码，
学习更多知识。

知识重点：

1. 环境设计美学的审美范畴。
2. 环境设计审美对象与审美特征。
3. 环境设计美学的审美因素。
4. 环境设计审美观念的多元化发展。

作业安排：

1. 结合章节知识，谈谈审美因素对环境设计的影响。
2. 结合章节知识，思考环境设计审美的范畴与内容。
3. 结合设计史，谈谈环境设计领域审美观念的变化。

3 | 环境设计形式美构成

形式与美
形式美构成规律
形式美的构成要素

环境设计形式美是基于美学表现规律与现代环境设计实践的一种应用性美学理论。形式美是客观事物外观形式的美，是构成事物的物质材料的自然属性及其组合规律所呈现出来的审美特征，是人们在长期的生产生活实践中形成的一种审美意识，具有普适性的价值和意义。

3.1　形式与美

形式与美的概念最早是由古希腊毕达哥拉斯学派在《美的分析》中提出的，在启蒙运动时期得到了快速发展，主要体现在绘画、建筑等方面，后来也被引申到了音乐、文学等领域。20 世纪以来，形式美被不断赋予新的内涵。

形式美将审美对象的形状、色彩、声音、空间结构等现实存在从人们的体会感知中抽象出来，着重强调人们对美的形式体会和感受。形式美既是一种审美概念，也是一种创作理念。形式美的构成因素包括两个部分：一部分是构成形式美的感性质料，另一部分是构成形式美的组合规律（或称构成规律、形式美法则）。

形式美作为人类在创造过程中对美的形式规律的经验总结或抽象概括，对指导人们进行艺术欣赏和创作都有重要的意义。尤其是在环境艺术设计当中，人们对形式美的认识以及形式美的表现直接影响着一个城市的外部形象和艺术内涵。

3.2　形式美构成规律

形式美是相对于美的内容而言的，是从美的形式中产生的而又高于美的形式。它是美的统一体的有机组成部分，不能脱离美的内容而独立存在。人类所感知的世界无不蕴含和体现着秩序和规律，因此，人的天性和潜意识中的秩序感成为审美的最根本、最普遍的倾向。

形式美构成规律将美学原则和审美认知规律应用到设计创造实践领域，是人类在长期的造型艺术创作中，以人的心理需求为基础，经过长期探索和归纳整理，并获得公认的基本规律。变化与统一、对比与调和、比例与尺度、节奏与韵律以及对称与均衡等作为形式美法则，影响着审美主体对客观环境的美感价值评判，从而使艺术与设计实现完美统一。形式美是一切设计活动所应遵循的美学法则，贯穿包括环境设计在内的诸多艺术形式。

图3-1　澳门摩珀斯酒店

　　澳门摩珀斯酒店为已故传奇建筑师扎哈·哈迪德设计，独具一格的外形极具标志性，犹如一座巨型雕塑，延续了扎哈一贯的大胆作风。酒店中心的三个镂空设计，缔造了视觉艺术中的"负空间"。酒店大堂高达35米，几何形的立体墙面经灯光投射，表现出极具冲击力的视觉效果。充满几何美感的结构，既丰富了内在空间的层次感，又传达出一种奢华气息。

图 3-2 自然界中动植物形态

图 3-3 风雨廊桥变化统一的美学规律

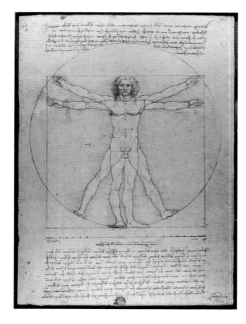

图 3-4 达·芬奇的《维特鲁威人比例研究》

达·芬奇对自然界充满了好奇，在艺术、科学和文学方面都有着重要的影响力。1492年完成的素描《维特鲁威人比例研究》，非常完美地展示了人体的完美比例，同时也揭示了黄金分割的意义。黄金分割由此也从数学原理转变成形体美的一个准则，甚至被人用来衡量画中人物是否足够完美。

3.2.1 变化与统一

变化与统一是自然界和社会发展的根本法则。统一是一种秩序的表现，是一种协调的关系，其合理运用是造型形式美的技巧所在，是衡量艺术的尺度，是创作必须遵循的法则。

变化与统一是形式美法则的高级形式，又称多样统一。变化与统一体现了自然界中对立统一的和谐整体。"变化"或"多样"突出构成要素间的个性和差异，变化受统一支配，统一对变化进行统辖，体现了设计构成要素之间有序、和谐、整体的美感。

表 3-1　统一与变化的表现形式

元素	粗细、长短、曲直、疏密
形态	大小、方圆、规则、不规则
色彩	明暗、鲜灰、冷暖、轻重、进退

图 3-5　自然界中变化与统一的植物形态

图 3-6　美秀美术馆

　　日本美秀美术馆借助中国传统园林的设计手法——借景、分景、隔景，在多样中求得有机统一，犹如一幅渐次展开的国画长卷。

3.2.2　对比与调和

　　柏拉图曾说过："没有和谐，在任何东西中都不存在美。"现代设计美学中和谐是各要素之间多样性统一的具体体现，即对比与调和。在环境设计领域，无论是整体还是局部、群体还是个体、内部空间还是外部形态，对比直接破除单调而使环境更加生动和富于变化，利用形式的差异性寻求空间环境及空间形式的调和。多种非对立因素相互关联，形成不太显著的变化，谓之调和。各种对立因素之间的统一，谓之对比。同一因素在差异程度比较大的条件下才会产生对比，差异程度小则表现为调和。

　　环境设计对比与调和的关系是统一的、相对的，是一个极其复杂的问题。利用对比达到调和在设计领域是十分普遍且有效的办法。对比可以在多方面体现出来，如借用材质的虚实对比，使原本沉重的建筑空间富有生气和活力；利用色彩关系，包括合理使用对比色形成强烈、鲜明、活跃的环境性格，互补色相互衬托实现环境调和等。再比如新旧环境的调和，通常将新环境的色彩、材料以及装饰手法等与历史环境产生某种程度的相似或一致，在新旧环境之间保持视觉上的连续。也可以通过恰当的对比，在材料、色彩、装饰等方面突出与历史环境的视角差异，在新旧对比中彰显时代特色与历史环境的厚重与价值。对比是实现更深层次与环境和谐的有效手段。

图 3-7　德国历史博物馆虚实对比

　　该建筑运用虚与实、明与暗等对比手法来处理建筑的界面关系。

图 3-8　卢浮宫玻璃金字塔入口

　　卢浮宫入口是贝聿铭最具影响力的作品之一。诚如贝聿铭所言，"想象不出有任何固体的扩建部分能够和已经被岁月长河磨损得暗淡无光的旧皇宫浑然一体"。在拿破仑庭院中进行工程扩建，大部分体量被埋入地下，地上部分用玻璃金字塔点缀在庭院中央作为视觉焦点，恰当的尺度、虚实的对比、高度纯净的玻璃为人们提供通透的视线欣赏卢浮宫的雄伟。

3.2.3 比例与尺度

比例与尺度作为协调环境设计造型要素各部分之间关系的基本规律，适当的比例可以产生美感。

最早确立比例概念的艺术家是古希腊雕刻家波留克列特斯。他在从事大理石人像的雕刻中，以头部和手的长度为基准构成了人体的均衡关系，以严格的比例创造出人体美的理想形象。公元前 6 世纪的毕达哥拉斯学派提出了著名的黄金分割理论，探求数量比例与美的产生之间的关系，认为"数的原则统治着宇宙中的一切现象"。任何形态、任何形状都存在着长、宽、高的度量。比例就是研究这三个度量之间的关系。比例的拿捏与推敲，就是反复比较、寻求三者之间最理想的关系。托马斯·阿奎那认为比例的定义不仅指事物在数量关系上的对比，而且可以指事物在性质上的对应关系。他指出，"比例有两重意义，其一是指一个数量与另一数量之间的一定关系，就此而言它可以是二倍、三倍或相等，它们都构成一种比例。其二是指一个事物与另一事物的各种关系，也可以称为比例"。威奥利特·勒·杜克在《法国建筑通用词典》中对比例定义如下：比例是整体与局部间存在着的关系——是合乎逻辑的、必要的关系，同时，比例还具有满足理智和眼睛要求的特性。良好的比例关系不仅是直觉和感性的认识，而且还符合理性的认识，能够正确地反映事物内在的逻辑性。影响比例的因素不仅包括空间功能和空间形态、材料、结构等，还包括不同民族、文化背景和时代的影响。

亚里士多德把尺度的概念引入美学中，得出了有机整体的理论。一个事物符合自身的尺度，没有过度或不及，它就是有机整体，就是美的。尺度在三维空间领域的研究，主要是对空间的整体或局部给人感觉的大小印象和真实大小之间的关系问题，比例主要表现为各部分数量关系，是相对的；尺度涉及真实大小和尺寸，但又不等同于尺寸。尺度不是指要素的真实尺寸的大小，而是要素给人感觉上的大小印象和其真实大小之间的关系。

3.2.4 对称与均衡

人脸大体是对称的，因此人类从出生观察母亲的脸开始就产生了对称是美的潜意识。处于地球引力场内的一切物体，如果要保持平衡、稳定，就必须具备一定的条件，而这些自然界中的存在必然会给人一定的启示，凡是符合这种基本规律的就会给人以均衡和稳定的感觉，而违反这些规律的，则会使人产生不安全和颠覆的感觉。对称是指事物、自然、社会及艺术作品中相同或相似的形式要素之间的、相称的组合关系。所构成的绝对平衡的对称是均衡法则的特殊形式。均衡则是指在各要素之间既对立又统一的空间关系。

　　自然界中的植物无论是平面还是立面都具有对称的外观形式，植物布置更是大量应用对称式，如道路两侧的列植。从我国的皇家园林到国外的欧式园林，在布置建筑和植物时都大量采用沿轴线两侧对称设置的方式。在对称的基础上，不对称的平衡产生均衡美感。自然式植物配置多采用均衡配置。均衡与对称是互为联系的两个方面。对称能产生均衡感，均衡又包含对称的因素。

3.2.5　节奏与韵律

　　亚里士多德认为：爱好节奏和谐之类的美的形式是人类生来就有的自然倾向。自然界中的许多事物和现象表现出有规律的重复和有秩序的变化，人们有意识地加以模仿和运用，创造出以条理性、重复性和连续性为特征的美学形式，我们称之为韵律。

　　韵律美的形式特点可以分为不同类型：① 连续的韵律，以一种或几种要素连续、重复排列而形成，各要素之间保持着恒定的距离和关系，可以无限重复。② 渐变的韵律，连续的要素在某一方面按照一定的秩序变化，比如加长或缩短等。③ 起伏的韵律，渐变韵律按照一定的规律时而增加、时而减小，犹如波浪起伏。④ 交错的韵律，各组成部分按一定规律交错、穿插而形成，各要素相互制约，表现出一种有组织的变化。无论是哪种韵律和节奏，都具有明显的条理性、重复性和连续性，可以加强环境整体的统一性，又可以求得丰富多彩的变化。

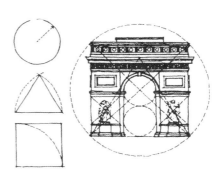

图 3-9　法国凯旋门
　　凯旋门的美，正如法国建筑师布隆代尔所说"产生于度量与比例"。

图 3-10　北京人民大会堂

　　作为中国最具象征意义的建筑，北京人民大会堂承担着重要的政治任务。正门柱有12根，每根直径2米，高25米。四面门前有5米高的花岗岩台阶。人民大会堂作为纪念性建筑，从功能上看可容纳万人集会，从艺术角度看庄严雄伟、壮丽典雅，具有民族特色。巨大的空间体量并没有给我们造成视觉上的矛盾和突兀。如果我们把建筑当作简单的空间体块来看，那么构成空间外立面的窗户和门饰也都远大于常规尺寸，因此，柱子（线）、门窗（面）作为构建空间的基本元素构建空间体量，和谐的比例关系营造了和谐雄伟的空间外观。

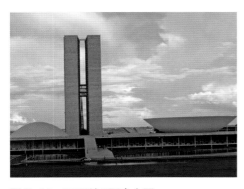

图 3-11　巴西利亚国会大厦

　　巴西利亚国会大厦采用一正一反的两个半球形的会议厅，通过体量的变化，构成建筑整体形态的均衡。

图 3-12　比利时住宅设计

　　过于完美的对称也会让人感到厌倦。比利时住宅设计让人印象深刻的是，住宅立面反映了一种对庄重的追求和对差异化的渴望。建筑由各种不同的元素组成，一系列的镂空和凸起赋予了建筑生命力，与立面上自然石材从灰色到米色的微小差异产生了共鸣。

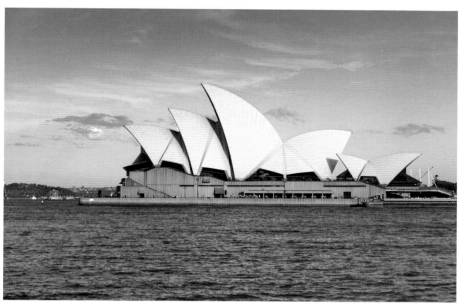

图 3-13　悉尼歌剧院

　　艺术把抽象的情感转变成具象的物质，把抽象的图形转变为具象的韵律形式。

图 3-14　热望之桥

　　位于皇家芭蕾舞学校和皇家歌剧院之间的热望之桥，可能是伦敦最受欢迎的桥梁。它将皇家芭蕾舞学校与皇家歌剧院联系起来，用于运输设备，并让表演者在建筑物之间无缝移动。

图 3-15 西班牙伊休斯酒庄

美轮美奂的酒庄由西班牙著名建筑大师圣地亚哥·卡拉特拉瓦（Santiago Calatrava）设计，雄伟的波浪式外形形成的韵律美感与周围环绕的山峦遥相呼应，完美融合；远看似翻滚的海浪，又似疾风吹拂枝繁叶茂的葡萄园，引来无限遐思。

图 3-16 如意桥

天桥坐落于成都市高新区天府二街临近剑南大道路口，方案名为"自然的箫声"，立面造型设计灵感来源于中国民族传统乐器"排箫"，形体的起伏和飘动犹如音乐韵律的流动，清新而优雅。从空中俯视，桥梁似一件"如意"镶嵌于城市之中，寓意万事顺利，吉祥如意。2016 年 5 月此桥从属于"成都高新区重大景观提升工程"被多家媒体报道，正式命名为"如意桥"。

3.3　形式美的构成要素

3.3.1　形　态

环境设计是一门综合性的艺术，各种视觉元素的组合和存在形式是其发展的重要因素。点、线、面、体是构成视觉元素的基本单元，通过这些基本单元可以组合成一个整体的视觉感知实体。

点是出现在我们视觉中的最小单位，但其可以创造出意想不到的视觉亮点。点具有一定形状和大小，如点状物、顶点、线之交点、体棱之交点、制高点、区域之中心点等。点在视觉中有积聚性、求心性、控制性、导向性等作用。点作用于某一范围的中央时，它是静止的，有吸引人的视线的作用。点在三维空间形态下的视觉特征活泼多变，也是构建三维形态的基本元素。

在环境设计应用中主要通过点的组织和点的形态的变化来实现设计意图。

线是以长度单位为特征的形式元素，无论直线还是曲线均能呈现轻快、运动、扩张的视觉感受。线的组成分为实存线和虚存线。实存线有位置、方向和一定宽度，但以长度为主要特征；虚存线指由视觉到心理意识的线，如两点之间的虚线及其所暗示的垂直于此虚线的中轴线、点的阵列所组成的线及结构轴线等。线在视觉中明确面与体的轮廓，使形象清晰，对面进行分割，具有改变比例、限制、划分有通透感的空间等作用。

线形的视觉特征在三维空间形态具有一定的情感，直线给人一种刚硬的感觉，垂直的线与地面相交，有向上、严肃、纵向拉伸的感觉，是力量与强度的一种表现。斜线和曲线给人强烈的动感和方向性。在很多三维空间设计的应用中，用斜线和曲线打破原来沉稳的空间感受，可以增强三维空间的趣味性。

面通常指面状，即面积，是比厚度大很多的形态。面分实存面和虚存面。实存面的特征是有一定厚度和形状，有规则几何图形和任意图形；虚存面是由视觉到心理意识到的面。面在形式中有限定体的界限，以遮挡、渗透、穿插关系分割空间，以自身的比例划分产生良好的美学效果，以自身表面的色彩、质感处理视觉上的不同重量感等作用。面的空间限定感最强，是主要的空间限定因素。

体具有长、宽、深（高）三维空间形态，是环境空间形态最为有效的造型形式。体有实体和虚体之分，实体有长、宽、高三个量度，按性质划分为线状体、面状体、块状体；按形状划分为有规则的几何体和不规则的自由体，可产生不同的视觉感受，如方向感、重量感、虚实感等。虚体（空间）自身不可见，由实体围合而成，具有形状、大小及方向感，因其限定方式不同而产生封闭、半封闭、开敞、通透、流通等不同的空间感受。体的视觉特征具重量感、充实感，有较强的视觉效果。

点、线、面、体作为环境设计的基本形式元素和造型语言，通过各种形式元素的组合应用，可构建形体各异的空间形态，共同组成丰富多变的空间环境。

图 3-17　点的视觉效应

　　左图为伦敦瑞士再保险总部，右图为美国小修道院教堂。点位于建筑顶端，具有拉伸建筑空间的效果。

图 3-18　荷兰 ADMIRANT 的入口

图 3-19　概念设计胡同泡泡

　　意大利著名建筑设计师马西米利亚诺·福克萨斯设计的 ADMIRANT 的入口建筑与中国当代青年建筑师马岩松的概念设计胡同泡泡，都是通过点的形态变化来完成空间塑造的。

图 3-20　曲线在空间设计中的应用示例

图 3-21　武汉城市公共艺术雕塑《星河》1

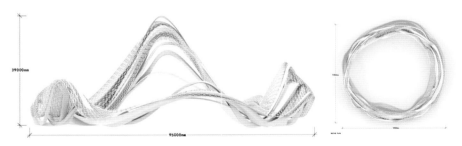

图 3-22　武汉城市公共艺术雕塑《星河》2

　　中央美术学院城市公共艺术院设计的武汉光谷广场综合体公共艺术雕塑《星河》，是国内目前最大的单体钢结构公共艺术品，富有韵律的起伏造型象征武汉山水交融的城市地貌，3 条显现而充满张力的曲线对应雄峙鼎立的武汉三镇，俯瞰线条交织所编织出的近似玉璧的环形形态寓意着对未来美好生活的向往。

图 3-23　卡塔尔国家博物馆

　　设计创意源于沙漠玫瑰，通过面与空间的组织运用构成三维空间形态，形式上充满变化。

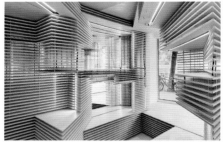

图 3-24　体块元素在展示空间的设计应用

　　空间形态的体都是由最基本的线、面组成的，设计由线的排列组成体块，结合光线的应用，形成了丰富的空间层次。

图 3-25 树形住宅

　　树形住宅，形与空间结合构成立体造型，形式有变化，风格有统一，韵律自由，使建筑形态有完美的形式美和丰富的内涵。

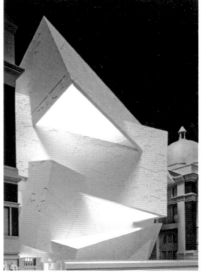

图 3-26 锅炉商行翼楼

　　打破传统的思维模式和思维习惯，对建筑形式的处理进行了颠覆性的探索与创造，对空间形态提出了大胆的设想，具有强烈的挑战与超越精神。

图 3-27　曼谷大京都大厦

　　77 层的曼谷大京都大厦是泰国第一高楼，由像素化的耀眼体块堆积而成，配合灯光，极富视觉冲击力，已成为曼谷的新地标。

图 3-28　马里奥·博塔的作品

　　马里奥·博塔的作品通过对圆、方、三角形等纯粹几何形状进行合乎比例的组合，通过减法的方式处理内部空间，体现一种强烈的秩序感和古典精神。博塔的作品用基本的几何形状承载着象征性的内涵，以强而有力的实体姿态创造出新的意义和秩序，带给人新鲜感和满足感。

3.3.2　色　彩

色彩是环境中重要的视觉要素，它和其他视觉元素如"形""光"等一起传达建筑环境的信息。色彩具有独特的性状，它依附于其他要素存在，又和它们紧密相连。色彩对视觉效果的影响极其强烈，特别是在情感表达方面占有很大的优势，在环境体验中往往给人非常鲜明而直观的印象，不同程度地影响着人的心理与行为。

人们会赋予色彩一定的情感，这种情感是在不同的社会习俗、民族传统、生活文化等背景下形成的，是长期生活在某一特定色彩环境中积累的视觉经验的结果。不同的色彩会使人产生不同的心理感受。环境色彩与整个环境气氛及空间效果联系密切，比如鲜艳的颜色会带给人乐观的情绪，而深沉的颜色则给人压抑的心理感受。根据环境设计的具体要求，设计者要把握色彩的设计原理、色彩的视觉特性、色彩之间的对比与调和关系以及心理感受，充分利用色彩增强环境空间的视觉效果，使之与环境相互融合，获取特定的、良好的视觉效果与心理感受。

（1）色彩的情绪表现

色彩通过明度、色相、彩度的不同变化影响和改变人们的心理、感情。色彩作为重要的视觉信息影响着人们的情绪、精神和行动。

（2）色彩的空间感

在色彩配置对比过程中，暖色与纯度高的颜色给人前进感，冷色与纯度低的颜色则给人后退感，这种距离感是由于不同色彩波长与不同折射程度造成的视网膜相距的差异而产生的。

图 3-29　绚丽缤纷的世界

色彩作为一种最普遍的审美形式，存在于我们日常生活的各个方面，色彩使宇宙万物生机勃勃，人们每时每刻都与色彩发生着密切的关系。

图 3-30　斯堪的纳维亚半岛

　　与周围中性的白色、灰色自然背景相比，这些房子的墙壁显得很抢眼，但实际上它们的彩度是降低后的，这样才不至于使生活在其中的人的视觉受到过度的刺激。

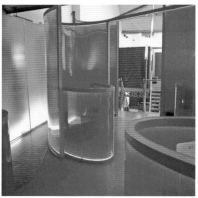

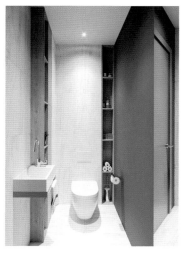

图 3-31　不同的色彩给人不同的生理反应

　　在室内设计中可以适当运用色彩来调节人的生理感知，以起到调节人们精神状态的作用。适当的色彩，可以提高我们对环境的感知度，吸引人们的视线和注意力。

图 3-32 室内空间的色彩应用

　　彩色系与无彩色系的搭配，既可避免过分沉寂，也可避免过分喧闹。

图 3-33 色彩

　　色彩伴随着材料的诞生而出现，是材料的天然属性。建筑空间的材料与色彩源于人们最原始的生活，材料的质地、质感丰富了建筑空间的表现力。

图 3-34 公共艺术装置色彩的应用

　　瑞士艺术家 Sabina Lang 和 Daniel Baumann 创造了各种大胆而有趣的公共艺术装置。在典型的瑞士滑雪小镇，用"道路标线涂料"制作"街头画 #5"。一系列带着明亮色彩的公共艺术，用色彩的魅力，给了城市不同的风貌！

色彩作为环境艺术的重要设计手段，主要通过色彩调和带来不同的情感引导。不同功能区域选择不同的颜色组合和搭配，可起到调节情绪，对受众产生不同的审美感受和心理影响的作用。比如，以灰色的原生材料为主体现了庄重与严肃，亮丽的颜色使人心情愉悦，着重表现的环境使用冲击力较强的鲜艳色彩，一些要表现闲适、平和感觉的场合则使用绿色、蓝色等冲击力较小的颜色。在色彩调和上，也通常通过对明暗程度、饱和程度的调节，加之色彩对比、同系颜色渐变等手法创造不同的审美感受。

3.3.3 质感与肌理

基于设计美学的视角，质感与肌理产生的视觉心理影响和情绪反应蕴含着丰富的视觉信息和表现力。

任何物体都是有表面的，物体表面的质地作用于人的视觉而产生的心理反应称为质感。如钢材、陶瓷、木材、玻璃、呢绒等材料在人的感官中的软硬、轻重、粗犷、细腻、冷暖等感觉。物体表面所特有的纹理称为肌理，包括材料表面的组织结构、花纹图案、颜色、光泽、透明性等给人的视觉感受。质感、肌理是材料在视觉上的直观感受，也是环境形式美学构造的重要因素。比如美国国家美术馆东馆设计，作为西馆的扩建部分，如何让两座相差近三十年，风格差异巨大的建筑形成视觉的统一？对材料质感与肌理的把控在设计中起到了非常重要的作用。设计师贝聿铭先生在设计时用材料的质感与肌理对东西两座建筑的外观和环境进行了调和，最终成就了又一经典设计。

随着科技的进步，通过技术加工和材质处理，同一材料也将产生千变万化的质感与肌理形式，为美的创造提供更多可能。

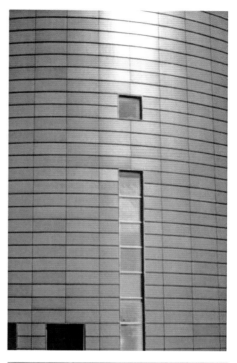

图 3-35 质感与肌理的对比

 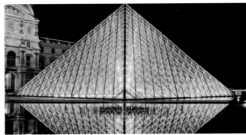

图 3-36　形态的材质感知差异

图 3-37　美国国家美术馆

图 3-38　安藤忠雄作品展示

　　安藤忠雄是一位清水混凝土运用大师。不用任何装饰，完全展现材料的本质是安藤设计的标志。

　　混凝土在浇捣凝固之前具有流动性和可塑性，可自由地改变形状。安藤为流动的混凝土赋予一种几何学顺序。清水混凝土制作精细，能处理出细腻的质感和柔和的色彩，这是其重要特色。在他眼里，混凝土既表达内在的日本，也表现外在的日本。

图 3-39 水泥为主要材质的办公空间设计

该办公空间设计选择同一色相的清水混凝土、水磨石等材料形成了朴素统一的灰色调。水泥独特的质感被广泛地应用于环境设计的各个领域，通过软装陈设，突出不同文化特征、形态结构与色彩质感的碰撞，体现了材质彼此之间的差异性，同时又与水泥材质的包容性相协调。整体空间的融合，形成了具有丰富感知体验的自然开放空间。

知识重点：

1. 环境设计形式美的构成规律。
2. 形式美感的构成元素。

作业安排：

1. 结合设计实践，分析形式美的构成规律。
2. 结合章节内容，总结形态构成元素与特点。
3. 结合专业知识，分析色彩在环境设计中的应用表现。
4. 结合设计案例，思考环境设计中对比与统一的设计手法。

扫描二维码，学习更多知识。

4 |
环境设计空间美感知

- -

空间认知
空间的形态构成
空间体验感知
空间美的环境设计应用

人类对空间的认识最早可以追溯到原始人对山洞的利用，从自然空间到人工空间意味着空间对人类有了意义。空间的变革促进了人类改造自然的发展。从希腊开放的柱廊式神庙到中世纪哥特式超尺度竖向空间，再到古典主义的严谨、对称，空间的认识和发展从单一物质功能走向物质精神的统一体。

环境设计是空间的艺术，空间美作为环境设计对艺术审美和精神文化追求的载体，也是环境设计审美的重要体现。

4.1 空间认知

4.1.1 空间之美

空间之美最早源自西方国家对舒适、休闲、品位、情趣的追求，或者说是对不同的空间设计风格或严肃或轻松的表现方式。

空间美学不是简单的空间设计，空间之美以主体的空间审美经验、美感体验以及空间的想象性与审美性为特征，以艺术和技术为手段，通过不同的设计手法和风格表现空间之美，营造空间氛围与意境，划分和组织空间功能，实现空间理性与感性的融合，传递受众良好的视觉表现力和艺术感染力。

4.1.2 空间的基本类型

从空间美学的角度出发，可对空间进行形态性分类、感受性分类和确定性分类等。了解空间基本类型，不断丰富空间表现语言，试验空间营造的多种方法和效果，积极寻求空间新的体验是环境设计的重要内容。

（1）封闭空间

用限定性比较高的围护实体（承重墙、各类后砌墙、轻质板墙等）围合起来，在视觉、听觉等方面具有很强隔离性的空间称为封闭空间。封闭空间阻断了其与周围环境的流动和渗透，其特点是内向、收敛和向心，有很强的区域感、安全感和私密性。

（2）开敞空间

开敞空间是外向性的，限定度和私密性小，强调与周围环境的交流、渗透，通过对景、借景等手法，与大自然或周围空间融合。开敞空间与封闭空间是相对的，开敞程度取决于有无侧界面、侧界面的围合程度、开洞的大小及启闭的控制能力等。相对封闭空间而言，开敞空间的界面围护的限定性很小，采用虚

图 4-1　具有较强私密性的封闭空间

图 4-2　通透开敞的空间

存面的形式来围合空间。与同样大小的封闭空间相比，开敞空间显得更大一些，心理效果表现为开朗、活跃，景观关系和空间性格上是接纳性的和开放性的。

（3）动态空间

动态空间是利用环境中的一些元素或者形式给人造成视觉或听觉上的动感。动态空间引导人们从"动"的角度观察周围的事物，把人们带到一个空间和时间相结合的"第四空间"。在环境设计中主要表现为：①利用各种管线、活动雕塑以及各种信息展示，加上人的各种活动，形成丰富的动势；②组织引人流动的空间系列，方向性比较明确；③空间组织灵活，人的活动路线不是单向的而是多向的；④利用对比强烈的图案和有动感的线型；⑤动态的光影；⑥动态的自然环境和景物，如瀑布、花木、小溪、阳光乃至禽鸟。

（4）静态空间

静态空间是指引导人们从"动"恢复到"静"，而且没有时间和空间变化的一种空间形式。安静、平和的空间环境符合人们动静结合的生理、活动规律，满足心理上对动与静的交替追求。静态空间一般有下述特点：①空间的限定度较强，趋于封闭型；②多尽端空间，序列至此结束，私密性较强；③空间及陈设的比例、尺度协调；④色调淡雅和谐，光线柔和，装饰简洁；⑤视线转换平和，避免强制性引导视线的因素。

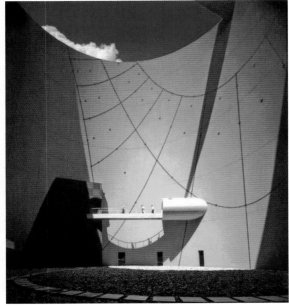

图4-3 自然光塑造的动态空间

　　利用自然光动态特性进行空间设计，使人感知空间的动势，形成具有流动感的空间。

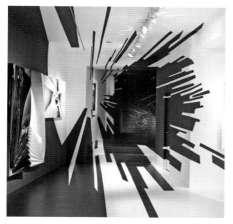

图 4-4　至上主义展览
　　空间给人强烈的动感。

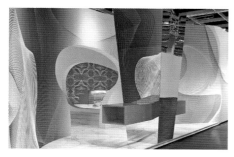

图 4-5　德国银行休息厅
　　通过色彩图案的运用，营造赋有趣味的动态空间。

图 4-6　垂水教会礼拜堂
　　教堂空间陈设简单，光线柔和，给人安静的空间感受。

图 4-7　融合极简美学的静谧日式庭院

图 4-8　虚拟空间

（5）虚拟空间

虚拟空间是指没有十分完备的隔离形态，空间也缺乏较强的限定度，通过象征性的、暗示的、概念的手法来进行处理，依靠联想和视觉划定的空间，所以又称为心理空间。虚拟空间没有明确的界面，但有一定的范围，它处在大的空间之中，与大空间相通，但它又有自己的独立性，是空间中的空间。虚拟空间适用于复合型、公共型、开敞型等空间，是通过局部升高或降低地坪和天棚，或以不同材质、色彩的平面变化来限定的空间。

（6）虚幻空间

虚幻空间是利用不同角度的镜面玻璃的折射及室内镜面反射形成的虚像，把人们的视线转向由镜面所形成的空间。镜面可产生空间扩大的视觉效果，有时通过几个镜面可使原来平面的物件形成立体空间的幻觉；紧靠镜面的不完整的物件还可形成完整的假象。在室内，特别狭窄的空间，常利用镜面来扩大空间感，并利用镜面丰富室内景观，使有限的空间产生无限的、怪诞的空间感。

（7）交错空间

交错空间增加空间的层次变化和趣味，方便组织和疏散人流。现代设计早已不满足于封闭规整的、层次简单的空间组织和划分，在空间的组合上常常采用灵活多样的手法，形成复杂多变的空间关系。交错空间在水平方向采用垂直围护面的交错配置，形成空间在水平方向的穿插交错，在垂直方向则打破了上下对位，形成上下交错覆盖，俯仰相望的生动场景。特别是交通面积的穿插交错，类似城市中的立体

图 4-9　重庆钟书阁设计

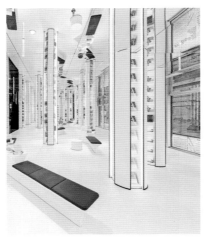

图4-10 杭州钟书阁

　　钟书阁空间设计中，用镜面体块反射周边环境，空间内顶面与地面、人与物浑然一体，空间层次多变，仿佛置身于虚拟世界，新奇独特。

图4-11 凤凰国际传媒中心

　　公共区域空间动线设计形成的交错空间。

交通。交错空间与流动空间的区别在于：流动空间只强调空间的流动性，而交错空间强调空间的错位咬合。交错空间带有流动空间的特点。

　　（8）结构空间

　　通过对结构空间中结构外露部分的观赏，领悟结构构思及营造技艺所形成的空间美感，给人一种现代感、力度感、科技感和安全感。

　　（9）流动空间

　　流动空间是一种空间与空间之间采用家具、绿化、构件等物体进行分隔而形成的开敞的、流动性极强的空间形式。其主旨是不把空间作为一种消极静止的存在，而把它看作一种生动的力量。在空间设计中，应避免孤立静止的体量组合，追求连续的运动空间。与动态空间相比，流动空间是在两个空间之间形成动感和交融，而动态空间一般是指在一个空间里形成动势。

图 4-12　结构空间

图 4-13　德国巴伐利亚州 Blaibach 音乐厅

图 4-14　纽约第五大道阿玛尼旗舰店

　　马西米利亚诺·福克萨斯设计的阿玛尼旗舰店，通过扭曲形成楼梯串联各楼层空间，赋予空间极强的流动感。

图 4-15　共享空间

（10）共享空间

共享空间是一种综合性的、多用途的灵活空间。空间形式由波特曼首创，故又称为波特曼空间。共享空间广泛地应用于各种大型建筑中庭和其他公共空间。作为大型公共空间的活动中心和交通枢纽，通透的空间形式充分满足了"人看人"的心理需要。空间处理手法灵活，形式多样，小中有大、大中有小、外中有内、内中有外，穿插交错，极富流动性。

（11）灰空间

"灰空间"的概念最早是由日本建筑师黑川纪章提出来的，灰空间又叫泛空间。灰空间有两个含义：一是指色彩，即灰是介于黑白之间的过渡色彩，在明度和色相上可以呈现出多种不同的变化；二是指介于室内外的过渡空间。从空间特点来讲，灰空间具有过渡空间、媒介空间、连接空间、边缘空间的特点，是由外而内，由公共至私密的空间形式。灰空间作为封闭和开放的媒介，界定性较弱、边界弱化模糊。现代设计中以开放和半开放为主的灰空间设计应用广泛，在空间序列中起过渡、连接、转化和衬托的作用，减轻了建筑割裂形成的空间疏离感，淡化了建筑内外空间的界限，使两者成为一个有机的整体。

（12）下沉式与地台式空间

下沉式与地台式空间通过地面局部下沉或地面升高，在统一的室内空间中产生了一个界限明确、富有变化的独立空间。下沉式空间地面标高比周围的要低，具有隐蔽性、保护性、宁静感，属半私密性空间。地台式空间与周围空间相比显得十分醒目突出，空间具有一定的开放性。在环境设计领域，下沉式空间设计应用广泛，比如下沉广场、下沉庭院、下沉露台等。

（13）母子空间

开放的大空间往往缺乏私密性，空旷而不够亲切；而在封闭的小空间虽避免了上述缺点，但又会产生沉闷、闭塞的空间感觉。母子空间是对空间的二次限定，是在原空间中用实体性或象征性的手法限定出小空间，将封闭与开敞相结合的空间形式。母子空间具有一定的领域感和私密性，能够较好地满足不同群体和个体的空间需要，广泛应用于各种公共空间的设计。

图 4-16　丽泽 SOHO 中庭

　　共享空间是建筑中庭广泛采用的一种空间形式。丽泽 SOHO 中庭构成的共享空间连接了大楼内的所有空间，空间的旋转形式让两半体块交织，犹如动态的双人舞蹈。其扭曲的雕塑形式也为来访者及使用者提供了不同的视野。

图 4-17　多种灰空间形式

图 4-18　环境设计中下沉式空间设计应用

图 4-19　柏林爱乐音乐厅

　　柏林爱乐音乐厅，把大厅划分成若干小区，增强了亲切感和私密感，更好地满足了人们的心理需要。这种强调共性中有个性的空间处理，强调心（人）、物（空间）的统一，是公共建筑和环境设计中重要的空间类型。

4.2　空间的形态构成

　　形态除了空间本质属性外，还有多样性、可感性、变通性等不同属性。空间形态不仅是现实空间中包容实体形态与虚空形态的有机整体，也是意识空间中对事物存在的主观判断，是能够在虚拟空间中呈现信息交流的综合体。

4.2.1　空间形态是空间内容的统一

　　密斯·凡·德·罗曾反复强调"形式主义只努力地搞建筑的外部，可是只有当内部充满生活，外部才有生命"。由此可以看出，他所强调的是内部对于外部形式的决定性作用。在三维形态的研究中，如果只考虑形式而忽略空间内容，那么形式的存在是没有意义的。从这个意义上讲，应当强调内容对于形态的决定性作用。但我们也不能只注重内容，而忽略空间形态对内容的影响，优秀的空间形态，应该是空间内容与外部形态的完整统一。

图4-20　犹太人博物馆

　　犹太人博物馆独特的设计像一道闪电。设计师丹尼尔·李伯肯德把古老的巴洛克式建筑与现代建筑和谐地结合在一起，并把巴洛克园林的元素运用到现代园林设计中，无论从空中、地面、近处还是远处，都给人以强烈的视觉冲击，仿佛见证了一段辛酸的历史。

图4-21　朗香教堂

　　人们对朗香教堂的外观有着许多暗喻，有人联想是传教士的顶冠，有人认为是《圣经》中所说的"救世方舟"，也有人喻之为信徒们虔盼的手……朗香教堂倾斜墙面上开凿了错落无序、形状各异并呈喇叭状的窗孔，当阳光从窗孔射入时，便会产生一种光怪陆离的效果。

图 4-22　萨伏伊别墅

　　科技进步为建筑的发展提供了可能。柯布西耶提出了新建筑的"五要素"，即：①独立支柱架空底层；②屋顶花园；③自由平面；④自由立面；⑤横向长窗。萨伏伊别墅对现代建筑的发展产生了重要影响。

4.2.2　空间形态是空间结构的体现

　　任何一种形态存在都是以一定物质和技术手段为支撑的。新的结构为空间形态的实现提供了可能。结构的发展一方面取决于材料的发展，另一方面取决于技术的进步。空间内容是空间形态存在的最为活跃的因素，空间内容的发展促进了空间结构的不断发展，也为空间形态的多样化在空间形态的实现提供了可能。在结构造型的创新和变化中去寻找美的规律，空间形状、大小的变化，并和相应的结构系统协调一致。要充分利用结构造型美来作为空间形象构思的基础，把艺术融于技术之中。研究三维空间形态，设计师必须具备必要的结构知识，熟悉和掌握现有的结构体系，并具有对结构从总体至局部敏锐的、科学的和艺术的综合分析能力。

4.2.3　空间形态是情感精神的表达

　　空间形态的特征不仅是空间功能的反映，也是设计意图和情感精神的表达。通过图形或形态隐喻某种感性意味和象征意义，以空间形态语言引导人们产生联想并获得某种情感体验，是视觉印象产生的心理结构与空间形态及其意义之间的某种程度的同构。不同的空间形态具备不同的情感传达，比如庄严、

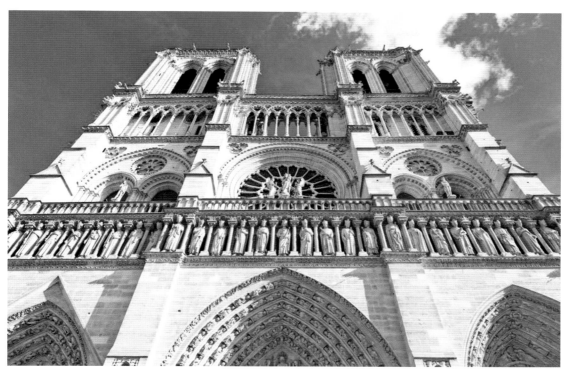

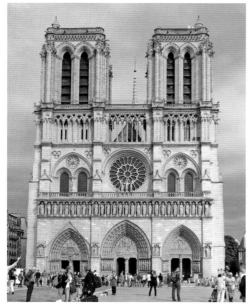

图4-23　巴黎圣母院

　　巴黎圣母院的尖形拱顶，制造出一种上升、凌空、缥缈的形式美，它把人的精神引向天国，使人的心灵通过物质的穹顶上升到永恒的真理，表达了人类向往天堂、追求永恒和无限的迫切愿望。

图 4-24　阿拉伯塔酒店

阿拉伯塔酒店，因外形酷似船帆，又称迪拜帆船酒店，位于阿联酋迪拜海湾，是迪拜的地标性建筑之一。酒店建在离沙滩岸边 280 米远的波斯湾内的人工岛上，以金碧辉煌、奢华无比著称。

图 4-25　赖特设计的流水别墅

雄伟、肃穆的情感诉求往往决定了空间形态简单、敦厚、稳固的视觉特征。在三维空间中，等量的比例如正方体、圆球，没有方向感，但有严谨、完整的感觉；不等量的比例如长方体、椭圆体，具有方向感，比较活泼，富有变化。

4.2.4 空间形态是外部环境的反映

空间包括物理空间和心理空间。现代空间形态不再单纯地局限于三维空间本身，而已在空间的设计和应用上扩展到描述环境与空间形态的关系方面，它在与环境的对话中给人以视觉、听觉、嗅觉等全方位的感受，就像一件雕塑作品或一座建筑一样，其存在都应考虑与周围环境的呼应。例如美国著名建筑设计师赖特设计的流水别墅充分利用地形、水体等自然环境，依山傍水，造型独特，做到了建筑主体与自然环境完美结合，流水别墅的建筑形态不是刻意强加于环境的，而是自然成长于环境、融合于环境的，是形态与空间环境相互依存的一个典范。

4.3 空间体验感知

4.3.1 空间情感

空间艺术是一项非常复杂的审美创造活动，在空间审美体验中蕴藏着极其奥妙的心理现象和心理规律。从艺术的角度来看，空间的实质是情感空间。情感性使空间艺术有别于一般科学的想象特征，不仅遵循一般的认识逻辑，而且遵循特殊的情感逻辑。

感受和认知空间可以分为客观和主观

图4-26　上海徐家汇天主教堂
　　上海徐家汇天主教堂的室内空间在满足功能需要的同时，也带给人精神上的抚慰。

图4-27　万神庙
　　建造于罗马哈德良大帝时期的万神庙，建筑形式直接表达了罗马人的宇宙观。万神庙穹顶中央的窗洞象征着神的世界与现世的联系，是建筑唯一的采光处，光线从窗洞倾泻而下，如同天堂之门，使空间中弥漫着一种静谧、肃穆与广无际涯的气氛，让人感受到宗教强大的震慑力。

图4-28　江南园林

中国传统园林空间层次丰富、虚实结合，将传统文化与审美意境完美地演绎于园林的方寸之中。

图4-29　埃及建筑群　　　　　　　　　图4-30　安徽宏村

两种建筑空间形式为我们展示了不同的文化，建筑空间在发展的历程中形成了人类悠久的文化传统，积淀了人类丰富的文明与智慧，成为它们自己所属民族、时代、地区的文化反映。

图4-31　约翰·乌特勒姆设计的法学院

约翰·乌特勒姆设计的法学院因袭了美国的商业风范、语言和文化，室内空间里集中了多种文化元素，营造了一个具有诱惑力的独特空间形态。

空间意识。客观空间是空间本身和所限定的空间环境；而主观空间即是空间的情感，具有互动的作用，即作品对受众的心理影响。例如一个人在一间四壁涂满红色涂料的屋子里面会产生一种压抑、急躁的心理感受，这种感受便是主观意识形态，即空间情感反应。现代设计中对于空间情感化、人性化的设计回归，是当代环境设计和人们生活品质的需要，设计的主流不再局限于有形形态元素等结构和空间的定位，更多倾向于空间对现代生活空间等人文生态因素的多元化关怀，从而使空间的创作更具人性情感，更符合对环境的审美需求。

空间情感的体验不能脱离空间的物质主体，空间物质属性与空间情境有着不可分割的对应关系。空间的情感属性受空间的风格、构思、材料、结构等内容影响，通过空间设计表达，以空间和时间作为媒介，传递审美感觉上的愉悦和心灵共鸣，将空间环境由物质形态升华为一种精神境界。空间情感营造的是高度主体化的空间，作为创作主体的设计者重要的是把握情感节奏，包括情感性质、情感强度以及持续时间的转换。这种转换造就了情感的起伏流动，形成了空间情感的认知节奏。

4.3.2　空间文化

空间文化源自人们的公共生活，经过集体或个人意识的渲染，在环境场所中形成了一种强烈的感染力与认同感，体现了民族性、地域性、生活方式、信仰与情感。作为文化积淀与传统的延续，空间文化贯穿人类认知、改造空间环境的发展进程中，深刻影响着城市形态、空间肌理、建筑风格等物质空间与精神空间的多个层面。空间文化所表现出的差异性和独特性，是文化语境下空间认同感和归属感的集中体现。

空间体现了文化的民族性、地域性和时代性，辩证统一地认知空间文化的设计美学特点，既不能因为强调时代性而忽略了民族性，也不能因为强调民族性而忽略时代性。

4.3.3　空间功能

（1）功能与空间体量的关系

功能对空间的大小和容量具有决定性作用。在环境设计过程中，一般以平面面积作为空间大小的设计依据。空间要满足基本的人体尺寸要求和舒适度要求，其面积和空间容量就应当有一个比较适当的上限和下限，在设计中一般不要超过这个限度。比如车站、机场等一些公共场所，其空间体量和尺寸巨大，主要是因为要满足其功能性。再比如人民大会堂的金色大厅，即使面积不变，空间体量缩小（高度）也是无法满足其作为国务活动重要场所的使用功能和仪式功能需要的。

图 4-32　人民大会堂金色大厅

图 4-33　四川大剧院内部空间

　　长方形空间有利于声音的传播，为了有效的混响时长和声音传播效果，受声学科技的限制，剧院等具有演出功能的空间往往选择长方形空间形状。随着声学材料和技术的发展，对声音传播有一定要求的空间形状才得到一定程度的解放。

图 4-34　迪杰尼大清真寺

　　迪杰尼大清真寺沿用传统伊斯兰建筑形式，用当地传统的土砖作主要的建筑材料，以适应当地炎热而干燥的气候环境。

（2）功能与空间形态的关系

　　空间的功能定位对空间形状和组织形式有巨大影响。空间是一种物质存在，包含了长度、宽度和高度等基本要素。比如教堂内部空间往往呈长方形布局，在早期没有先进的音响和扩音设备情况下，长方形的空间更有利于声音的传播。以教室为例，面积为 50 平方米左右，平面尺寸可以为 7 米 ×7 米，6 米 ×8 米，5 米 ×10 米，4 米 ×12 米……，其中 6 米 ×8 米的平面尺寸能较好地满足使用要求。会议室，略为长方形的空间形状更有利于使用。

（3）功能与空间质量的关系

　　在对空间的体验感知中，我们通常比较熟悉对空间体量、空间形态和空间情感的认识，但对空间质量的判断是比较模糊的。在我们的生活中，人们希望住宅空间具备更好的通风效果、更好的采光等，诸多因素决定并影响了空间使用的品质。空间质量也决定了空间内容的意义和功能的实现。空间的质量与采光、通风、日照关系密切，外部环境因素会影响我们对空间质量的塑造。中国处于地球北半球、欧亚大陆东部，大部分陆地位于北回归线（北纬）以北，冬季可以获得更多日照，夏季可以免受更多的阳光，所以博物馆、实验室、书库等应以朝北为宜，以避免太阳的照射。又如我国的传统园林建筑，往往采用堆山理水等手法来营造园林环境，一方面出于文化审美对自然山水的崇拜，另一方面，通过环境和建筑空间的完美融合，可营造更为良好的空间质量。

4.3.4　空间尺度

对于三维空间认知，空间尺度是重要方面。三维形态空间的大小、轻重共同构成了空间尺度，空间尺度取决于空间内容。空间尺度是相对的，一方面由构成空间尺度的元素决定，另一方面还取决于观察方式和视角变化。

对空间尺度的感受可以通过设计来改变。

（1）颜色

室内空间效果最大化是把空间都刷成同一颜色，其中白色空间感受最为宽阔，独立的空间弱化分界线，天、地、墙融为一体可以使空间无限放宽。

（2）光与影

室内空间中，光影可在一定程度上影响人对空间尺度的感受。室内空间灯槽等设计将天花与墙面的界限模糊，从而使空间在视觉上变大，有向上延续的感觉。自然光线的引入，可以在感官方面起到增加空间体量的作用。

（3）材料

材料对光的反射、虚实可以给人一种空间延伸的感觉。例如：采用透明或半透明玻璃、塑胶或者对光反射强烈的镜子、石材、瓷砖、不锈钢等可构成室内空间的虚实关系，同时加强空间的延伸感。

（4）空间构成元素的影响

由线形等元素构成空间界面，线条的拉伸和变化是增强空间延伸的有效方式。由块状元素构成的空间，通过体块在空间中由大变小、由疏变密，也可使空间有延伸的感觉。

（5）空间自身的延伸

空间中利用通透材料向室外空间延伸，室内空间与其他空间采用半封闭或敞开式分隔，也是空间体量延伸的一种有效方式。

图 4-35　白色空间

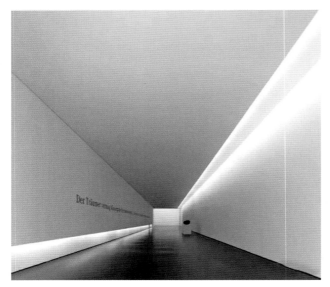

图 4-36 光影的空间表现

图 4-37 材料的空间表现

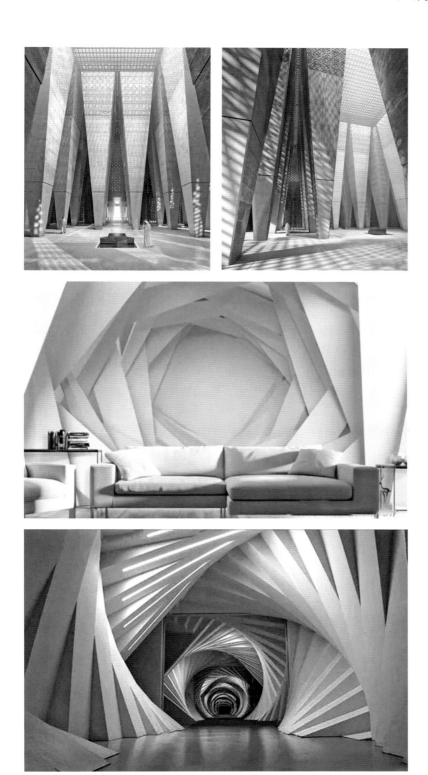

图 4-38   形式元素在空间中的应用

图 4-39　空间延伸的手法 1

图 4-40　空间延伸的手法 2
　　在室内，平静的水面通过视觉倒影延伸外部空间景色，倒影增强空间的距离感。

（6）空间装饰和构筑的延伸

空间装饰和构筑围绕视觉中心延伸，起到拉伸空间尺度的效果。

图 4-41　装饰手法的空间延伸效果

4.4　空间美的环境设计应用

空间美的认识对环境设计的影响主要表现在空间层次、空间功能和空间表现三个方面。

从空间层次的角度看，环境空间具有分隔空间、创造多维空间的作用。设计内容与空间特性的统一，充分考虑不同空间的具体风格定位及空间层次，使其更具功能性、私密性、舒适性及美感。

从空间功能的角度看，空间使用功能起引导人的生活方式的作用。空间性质不同，对空间设计的表现就有不同的需求。在环境设计中，空间功能是物质功能和精神功能的综合体现。空间的物质功能是通过构成空间的物质基础和手段实现的空间价值。空间的精神功能建立在物质功能的基础之上，是一种通过空间形式美的规律、构图原则来反映不同意境或氛围，从而给人一定心理影响的空间艺术。空间设计及优化不仅体现在空间的显性功能上，也体现在空间的隐性功能上，从而实现空间的实用性和艺术性。空间的形态语言可以传达崇高、神圣、稳定、压抑等意义。

图4-42　家居空间设计

通过穿插新的建筑体块，在原本只有两处光线可以影响室内部分的情况下，又增添了一处阳光可以直接进入房子最核心的部分。玻璃顶下方增加了一层穿孔铝板，赋予光线进入过程一种仪式感，开放性的阳光空间给予家人更多精神上和言语上的交流。整合相互穿插的界面，带来多维度的空间层次，人与空间的关系，在自由与平衡中得以共生。

　　从空间表现的角度看，空间是设计理念的物质载体。注重空间中的环境设计表现，是环境设计的主要内容与基础。环境设计过程是空间艺术形象与空间实用性的有机结合，是一个全面系统的设计意识。空间美感和意境具有不同的表现风格，环境空间设计的表达是环境设计和建造的灵魂。因此，在环境设计中应充分研究空间表现的影响，丰富空间设计的表达方式，促进设计理念的形成。

　　环境设计与空间相辅相成，空间设计是理性与感性的集成，是空间个性与受众心理相互作用的结果。空间需要环境设计来实现其功能性，环境设计需要通过空间来表现设计的实用性和艺术性，两者辩证统一。

知识重点：

　　1. 环境设计空间类型与特点。

　　2. 空间形态的影响因素。

　　3. 空间感知中的功能、尺度与情感因素。

作业安排：

　　1. 结合设计实践，分析影响空间尺度感知的设计手段因素。

　　2. 结合章节内容，分析总结空间类型的特点与设计应用。

　　3. 结合经典案例，思考光影因素对空间塑造的价值和意义。

　　4. 结合章节内容，分析空间因素在环境设计中的作用。

扫描二维码，
学习更多知识。

5 |

环境设计生态美观念

1972 年斯德哥尔摩国际环境会议召开，自然生态问题成为全球关注的焦点，生态美学就是在这一时代背景下诞生的。20 世纪 90 年代以来，作为一种创新的理论形态，伴随着人类绿色意识的觉醒，生态美学成为美学理论在当代的新发展、新延伸和新超越，是当代重要的审美状态、价值观念和审美追求。

5.1 生态美认知与发展

19 世纪末资本主义的工业大发展，使城市环境受到威胁，一些有社会责任感的设计师，意识到生态保护在环境设计中必须得到重视，从而走上生态主义设计的探索道路。20 世纪 50—70 年代，生态主义一度成为景观设计的主潮。

5.1.1 生态美

生态美以人的生态过程和生态系统为审美观照的对象，是人与自然生态关系和谐的产物。环境设计生态美学从科学、道德和审美三个方面重新审视和探讨人与环境的关系，并在经济、社会和文化不断发展的前提下提出人与自然、社会动态平衡、和谐一致地处于生态审美状态的生存观。

生态美融入了环保、绿色、生态等概念，在传统的审美因素当中增加了生态因素，创造了一种有机和谐之美，形成了一种新的美学形态。

生态美作为一种绿色、向上的审美价值观，强调绿色、生态、自然之美，主张简洁朴实、清新自然，反对奢侈浪费、刻意雕琢。在遵循自然规律的前提下，运用艺术手法及科技手段对自然加以改造，实现人与自然、人与环境的平衡关系。

生态美学在后现代语境下，以一种新的视角审视人与自然、社会及人自身之间的关系，将人与自然的"双赢"作为美的最高层面，从存在本体论的高度形成了一种对人类生存状态的美学思考，是一种包含着生态维度的当代环境审美观念。

5.1.2 生态美学理论的沿革

1866 年，德国科学家恩斯特·海克尔最早提出了"生态学"的概念。1922 年，美国地理学家哈伦·巴洛斯首先提出了"人类生态学"的概念，将生态学与人的生存联系起来。1973 年，挪威哲学家阿伦·奈斯提出了深层生态学，实现了自然科学与人文科学的探索结合，形成了生态存在论哲学。这种新哲学

图 5-1　新加坡皮克林宾乐雅酒店

　　皮克林宾乐雅酒店由 WOHA 事务所设计，将自然绿意注入酒店空间，与周围的公园景观融为一体。项目荣获新加坡绿色建筑最高荣誉 BCA 绿色建筑白金奖。酒店设计实现了包括空中花园、倒影水池、景观瀑布、绿化平台和垂直绿墙在内的 15000 平方米的绿化面积，这些绿化体内有各类花草树木，吸引了许多鸟类、蝴蝶、蜥蜴等小动物前来栖息。

图 5-2　重庆来福士空中连廊

　　重庆来福士空中连廊位于重庆核心地段朝天门，是世界跨度最大的空中连廊。设计将生态美学元素与现代设计结合，采用大量绿植，丰富了室内空间层次，营造出了充满自然活力的空间氛围。

理论突破主客二元对立机械论世界观，提出系统整体性世界观；反对"人类中心主义"，主张"人——自然——社会"的协调统一；反对自然无价值的理论，提出自然具有独立价值的观点，同时，还提出环境权问题和可持续生存道德原则。1994 年前后，中国学者首次提出"生态美学"论题。21 世纪以来，我国学者相继出版了有关生态美学的专著，标志着我国生态美学进入系统深入的研究阶段。

5.1.3　生态美学与环境设计

生态美学凝聚了人类社会哲学、心理学、社会学等对美的独特见解。生态美观念对环境设计审美转变的影响包含了两方面的内容，深刻影响着环境设计的实践机制。一方面，设计师从自然环境中获取设计灵感、资源、依据等支持；另一方面，环境艺术设计按照生态美学的思想、方法、规范等展开实践，如生态伦理对环境设计形成的道德约束，生态保护对环境设计形成的价值构建，生态审美对环境设计形成的潮流导向，这些都为环境设计活动提供了必要的准则。

图 5-3　上海世博后滩湿地公园 1

图 5-4　上海世博后滩湿地公园 2

　　上海世博后滩湿地公园，临黄浦江东岸，坐落在浦东钢铁厂和后滩船舶修理厂搬迁后留下的一片狭长地带上，长 1.7 千米，面积 14 公顷。被工业垃圾和建筑垃圾深度污染的土地，在 2007—2009 年的改造中，幻化为一片"江南湿地"——没有绚丽的图案，甚至没有一棵移栽的大树，只有芦苇、茭白、菱角……这寻常的景象，却在顷刻间以另外一种生气感动人：鲜美的水草、温厚的土壤感、风中温柔低伏的野草，与江堤外起伏的黄浦江水相呼应，让人仿佛置身大都市里罕见的真正江滩！公园成了那土地和江流的一部分，宛若天然。后滩河道引入了黄浦江水，七天时间里，经过一公里多长的内河湿地不同高差的植被、垂直水平两种净化方式，劣五类江水被自然净化为优三类水，这个绿地净化系统设计日净化水量达 2400 立方米。同时，后滩湿地公园采用的乡土湿地植物的低成本自然生长极大地降低了公园的管理成本。正如"后滩公园"的设计任务书所述："经过设计后的后滩公园，是一个有生命的生态系统……使人体验和享用这个生态系统的生态服务，获得教育和审美，进而使受益者将其对自然和土地的理解延伸到广大的中国乃至世界的每一寸土地。"

5.2　生态美的设计内涵

5.2.1　人与自然的共生

生态系统由各事物之间的有机联系组成，这种联系使得人与环境各要素相互包容、共生共存。生态美观念立足于人与自然的相互主体性思维，在侧重保护自然的同时，按照美的规律创造，促进保护与开发的双向互动，保护和重构人与自然和谐共生的审美关系。生态美观念在肯定物种生存权利的同时，并不抹杀人与自然的差异，人有着不同于其他生物的社会性、文化性和能动性。人的主观能动性建立在遵循自然的基础上，不可能脱离自然、逾越自然。环境设计的过程一定要树立"有限主体"的意识，人的行为活动始终受大自然的制约，在遵循自然的基础上发挥主体性，在"有限的主体"意识下完成对环境的创作设计。

人与自然的共生遵循自然规律的有序、有效、高层次、优化型开发，赋予自然更多的人文内涵，把人的本质力量与自然魅力有机地统一、融合、升华，让人们在保护与开发的双向互动中领略大自然的神奇和人类力量的强大。

5.2.2　人与环境的和谐

生态美注重审美主体内在与外在的和谐统一。这种人与环境和谐的理论被广泛地应用于环境设计当中，体现了不同生命之间相互依存、相互联系的共生关系。比如人们聚集活动的区域，日照和风向至关重要，应因地制宜选择冬季风速较小、夏季通风良好的区域。

人与自然的和谐包含了人类在设计创作过程中对自然的重新感知与绿色设计理念。在环境领域，人与环境的和谐以生态为先导，不仅是满足人们视觉美感、精神享受和身心健康的有效途径，也是实现人与自然环境、美的形式与生态功能真正全面融合的有效手段。

5.2.3　人工环境与自然环境的平衡

环境与自然平衡，一方面，环境设计创作要以自然环境为基础；另一方面，要对自然资源加以合理利用。在生态美观念的影响下，环境设计的重要任务是树立人与生态环境共生共存的观念，从以人为主体转变到将优先权赋予整体生态环境。生态美学中的动态平衡理念认为，事物的发展变化是一个动态平衡过程，人类依赖于大自然而存在，对大自然的索取也应当遵循生态的动态平衡，取之有度，用之有节。因此，在人类的环境设计过程中应多选择使用率较高的产品重复利用，尊重自然的规律，考虑生态环境的可持续性、美观性和可承受

图 5-5 生态理念在住宅区景观的应用

在人类活动区域设计中，选用杜英、无患子、松柏、银杏等大冠幅阔叶树种组合，可保证分支点高度，扩展林下空间。由于植物树冠能够吸收大部分阳光，因此能降低温度，并使蒸发的水分大部分保持在林内，提高相对湿度，同时蒸腾出水蒸气，小范围内为园区营造林下微气候，有效调节温度和湿度，为人类营造清新的、充满绿意的舒爽居住环境。

图 5-6 中国传统村落

中国传统村落别具一格的艺术布局、天人合一的生态环境观念，体现了聚居村落对当地地理、气候等自然环境的尊重，构成了一幅幅田园牧歌式的优美乡村画卷。

图 5-7 生态意识在设计应用中的体现

性（环境容量），做到适可而止，强调环境与自然相互依存的平衡关系，维持自然界的生态良性循环，促进整个环境系统的平衡发展。

5.3　生态美设计原则

5.3.1　自然原则

尊重自然是现代科学发展与环境科学发展的普遍认识。

在现代环境设计中，人对环境的改造以尊重自然为前提，基于生态美的自然设计原则更多的是强调人与自然的和谐与关联，以及自然作为环境系统的重要组成部分，与人类紧密联系、有机统一的设计意识。

将自然因素和元素，如大自然中的绿色植物、阳光、山石、水等自然景色通过艺术创作和设计手法引入环境。秉承自然原则，将人工环境与自然之美紧密融合，带给人们视觉享受及精神愉悦，打造人与自然和谐共生的环境体系。

5.3.2　绿色设计原则

绿色设计作为全新的方法论，着眼于人与自然的和谐发展。其根本问题是在地球资源有限、净化能力有限的情况下，减轻人类活动给环境带来的危害和负担，倡导在设计的每一个环节都要充分考虑环境效应，尽可能减少环境污染和破坏。

绿色设计原则的主要内容具体可以归纳为以下六个方面，即研究原则、保护原则、减量化原则、回收原则、重复使用原则和再生原则。绿色设计原则对环境设计的影响，包括研究环境对策、最大限度保护环境避免污染、降低能耗、运用生态材料、回归低碳环保，创造出和谐生存的环境。

绿色设计作为一种全新的设计理念，顺应时代潮流，以自然为绝对主体（环境始终受大自然的制约），着力于实现环境的功能需求与环境可持续发展需求的统一。

5.3.3　可持续原则

联合国环境规划署在 1989 年 5 月通过的《关于可持续发展的声明》中指出，可持续发展意味着维护、合理使用并且加强自然资源基础，意味着在发展计划和政策中纳入对环境的关注和考虑。

伴随着经济社会的发展，自然资源的过度耗损及其导致的环境污染与生态破坏，已给人类的生存与发展造成严重的影响。自然资源的有限性已成为人类

图 5-8　苏州园林

　　中国传统园林师法自然，平面布局与空间组织强调人与自然的结合。

图 5-9　星耀樟宜（Jewel）

　　星耀樟宜坐落在新加坡樟宜机场第一航站楼前方，内部一共 5 层，可以容纳 300 家商店和餐厅，占地 13.57 万平方米，集航空、购物、餐饮、景观于一体。星耀樟宜将自然元素与创意完美融合，最引人注目的就是高达 40 米的雨漩涡，它是世界上最高的室内瀑布。水以每分钟约 2641.72 升的速度从穹顶落下，水波声、花香鸟语汇聚到一起，打造出室内雨林奇观。

图 5-10　长春水文化生态园

　　长春水文化生态园由净水工厂的工业遗迹改造而来，原为伪满洲时期建造的长春市第一净水厂。项目是工业遗迹保护与改造的城市更新设计，拥有 80 年长春市供水文化印记和 30 万平方米城市腹地稀缺生态绿地，在设计过程中减少对场地过多的破坏与改变，将场地原有的肌理进行梳理和挖掘，以生态绿地为载体，以生态绿地资源活化与再生为抓手，将工业遗迹与自然景观有机结合，并注入文化艺术、时尚创意的元素，将场地遗留的废弃工业遗存进行优化设计，实现了资源再利用，凸显了人与自然的互动，促进了生活方式的提升与改变。

图 5-11 新加坡滨海湾花园擎天树

滨海湾花园是新加坡的最新标志性景点。公园中让人印象最深刻的是长着攀缘植物、附生植物以及蕨类植物的高 25～50 米的"擎天树"。"擎天树"的设计初衷是展示具有创新性的环保科技成果，并成为整个公园环境系统中不可或缺的重要组成部分。除了通过垂直绿化来营造栖息场所和荫蔽空间外，一些"擎天树"还安装有光伏电池来收集太阳能，一些则加有雨水收集装置。同时，"擎天树"与公园植物冷室和能源中心相结合，起到通风的作用。

可持续发展的关注点。自然资源包括土地、水、海洋、矿产、能源、森林、草地、物种、气候和旅游等十大类，这十大类自然资源又可分为可耗竭资源和可再生资源两大类。可持续发展，必须重视可耗竭资源的合理开发、节约利用。在环境设计过程中，对设计材料的选择应考虑其性能和使用率，降低人们对能源的开采和使用，减少垃圾废物的产生和排放量，实现可持续发展，维护和改善人类赖以生存和发展的自然环境。

环境是一个综合体，它以某种方式与其中的人及其存在场所紧密相连。从设计角度出发，人及其行为都是整体环境的构成部分，环境和人的创作及生活是紧密联系在一起的。可持续设计不单单是对资源可持续的规划与设计，更是对人与人的社会关系、代际关系，以及人与自然环境之间的整体利益的深度思考。

5.4　生态美设计观念

生态文明社会下，从自然生态、社会生态、人文生态与精神生态四个层面认识生态内涵，将生态自然观、生态整体观、生态人文观以及生态审美观融入环境设计领域，有利于营建自然和谐、富有意境的人居环境。

5.4.1　生态自然观

生态自然观是系统自然观在人类生态领域的具体体现，是辩证唯物主义自然观的现代形式之一。当代全球性的"生态危机"是生态自然观确立的现实根源。生态自然观的根本观点是人与自然的和谐统一，其确立，为可持续发展的理论和战略提供了重要的哲学依据。环境设计生态美学从生态自然观的角度出发，尊重自然生命，在生态美学视域下寻求自然的本真属性，设计回归自然本身，尊重自然生命，凸显自然特色，尽量减少人工对自然的干预，注重材料的生态运用，使人们充分感受到自然的魅力，最终形成健康的生态自然系统。

5.4.2　生态整体观

随着生态文明的发展，人们已深刻地认识到人类与生态系统长久存在的密切相关的整体利益和整体价值。生态整体观倡导人类全面认识生态系统，将维护生态系统的整体利益作为衡量人类一切观念、行为、生活方式和发展模式的基本行为准则。生态整体观作为生态美设计的基本观念，已经成为环境设计重要的思维方式和设计目标。生态整体观强调最大限度地减少对生态环境的破坏，注重环境生态的整体设计，以生态保护理念为原则，统筹布置环境要素，积极寻求人类与自然、文化、环境的协调发展。

图 5-12　姜庄村住宅项目改造

姜庄村改造规划强调村落与黄河、大堤、树林、农田的亲密关系，尊重乡村的原始结构、肌理和原风景。建筑延续了当地民居 L 形和 U 形的院落格局，保持了生土、砖、青石的外墙材料特色，凸显了自然特色，回归自然本身，减少了人工干预。改造后的姜庄村，重新建立起人与土地的亲密情感和人与自然的共生关系，通过"在地设计"与"在地建造"，让建筑自然地从土地中"生长"出来，实现对"故乡"的心灵回归。

图 5-13　宜昌运河公园

在宜昌运河公园的修建过程中，经过巧妙的设计，鱼塘生态被修复成水体净化器，并引入林丛、栈道、廊桥和亭台，通过最少的干预，使之成为新城的"生态海绵"，净化被污染的运河水体、缓解城市内涝，保留场地记忆，同时为周边居民提供别具特色的休憩空间。

图 5-14 拜伯里

　　拜伯里所在区域被英国政府命名为"最漂亮的自然景观"，如今已经成为英国乡村旅游的代表村落。拜伯里村庄恬静自然，道路依托地形铺就，房屋保存完好，建筑风格极具当地建筑特色，古朴沉静的村落与美丽的自然景观形成一幅美丽的英国乡村田园画卷。

5.4.3　生态人文观

生态人文观将人与自然提升到生态伦理的高度，力求与自然共存、共同繁荣、共同进步，强化人对自然真正意义上的伦理责任。

生态伦理涵盖了自然价值观和生态道义观的内容。生态价值观认为，人们爱护大自然是出于对大自然的内在性、独立性的尊敬或敬畏，应充分地认识到大自然绝非只是人的工具。生态伦理学的道德评价体系既承认人的尺度，同时又承认物的尺度；既要看到价值的主观性的一面，又看到价值客观性的一面；既承认自然所具有的使用价值，又承认自然所具有的不以人的意志为转移的内在价值。

生态人文观将自然纳入人类社会活动的道德范畴，提倡人之外的生命或非生命形态都应该值得尊重，从根本上改变了自然的从属地位。艾伯特·施韦策认为，自然界中一切生物都是平等的，它们与人一样享有同样的道德权利。在生态环境危机日益严重的背景下，应深刻认识生态人文观对于现代环境设计的价值，加强人文关怀，谋求可持续发展。

5.4.4　生态审美观

生态审美观是一种当代生态存在论审美观，是世界观的重要组成部分。审美活动是人所特有的精神活动。"与天地合其德，与日月合其明，与四时合其序"，即是古人对自然生态系统道德意识和境界的崇尚和描述。随着对人类与自然关系认识的提高和深化，生态审美观也不断丰富着其内涵。在史前时代，人类机械被动地与自然保持一种和谐关系，其生态审美观是朦胧的、模糊的；在农耕文明时代，人类与自然是一种有限利用、改造并破坏的关系，其生态审美观是朴素的；在工业文明时代，人类与自然是一种登峰造极、无以复加地利用、改造并破坏的关系，其生态审美观呈现出无视生态的绝对理念倾向；在现代文明时代，人类与自然是和谐共生的关系，其生态审美观符合生态整体发展的要求，具有合目的、合规律的现代性特征。

"天地有大美而不言，四时有明法而不议，万物有成理而不说。"生态审美观注重对审美者的审美引导，达成一种人与审美对象相融合的审美整体，使人与人、人与社会、人与自然处于和谐、平衡关系之中。正如王羲之《兰亭序》所说"仰观宇宙之大，俯察品类之盛"，有了闲赏之情，有了洞见之眼，有了善感之心，映发出"千岩竞秀，万壑争流；草木蒙笼其上，若云兴霞蔚"的生生之美。从对天地万物的审美欣赏之中获得最大限度的审美愉悦，并在这种审美体验中不断提升美的感悟和境界。

图 5-15　普达措国家公园

　　普达措地区宗教以藏传佛教为主，将本教的"万物有灵"和佛教的"灵魂不灭"观念统一起来，赋予自然某种生命的象征，形成对一些特殊山川神灵般的敬畏和崇拜，提倡人对自然的顺从和尊重。这种朴素的环境观为普达措国家公园自然生态景观注入了活的灵魂，形成了其独特的对自然生物多样性和整个环境保护的生态观。

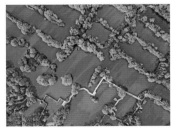

图 5-16　杭州西溪国家湿地公园 1

图 5-17 杭州西溪国家湿地公园 2

杭州西溪国家湿地公园位于浙江省杭州市区西部，距西湖不到 5 千米，规划总面积 11.5 平方千米，湿地内河流总长 100 多千米，约 70% 的面积为河港、池塘、湖漾、沼泽等水域。湿地公园内生态资源丰富、自然景观幽雅、文化积淀深厚，是中国第一个集城市湿地、农耕湿地、文化湿地于一体的国家级湿地公园。西溪湿地水质较修复之前提高了三至四个标准，个别区域的个别指标已达到 Ⅰ 类和 Ⅱ 类水体的标准；有效缓解"温室效应"和"热岛效应"，可使方圆约 15 平方千米内的气温降低 0.5～1.5℃，估计每天可节水 500～800 吨，节电 10 万～30 万度。

5.5 生态美设计表现

5.5.1 协调性设计

自然生态环境是环境设计的基础和必要条件。协调性设计尊重自然的规律，考虑生态环境的可持续性、美观性和可承受性，并将差异性甚至矛盾性因素互补融合，做到适可而止，包括将设计建设对阳光、空气、地形、地质、水、植物等的破坏、损耗最小化，强调人工环境设计与自然环境相互依存的平衡关系。比如在环境设计中，强化对场地日照及风向的分析，合理布置功能场地，如儿童活动和康体健身类活动空间，应选择冬季风速较小、夏季通风良好的区域，冬季风较大的地方，种植常绿乔木，设置景墙作阻风处理。在空间布局上，设计师应充分考虑各项因素，如湿度、温度、朝向等，同时根据不同的地理环境，协调人工环境与自然环境，设计出满足受众需求、具有良好生态的人居环境。

5.5.2 资源利用的节能设计

节能设计是在尊重人与自然的关系及人与社会的关系的基础上，充分利用现有资源，实现环境的科学和可持续发展。因此，要加强人本观念的塑造，注重回归自然，合理利用自然资源，深刻认识节能降耗对当代环境设计的价值，注重文化精神的生态化，不断优化环境设计手段，广泛倡导和利用新技术、新工艺来代替传统高耗能、高消费的建筑装饰材料和工艺途径，有效地营造健康、环保、舒适的环境。比如水资源的循环利用，过滤回收雨水，通过雨水花园，对雨水进行净化回收，作为植物灌溉用水的辅助，有效节约水源；

图5-18 房屋与空间的设计
设计合理地融入植物，极具设计趣味。

图 5-19 新加坡海军部社区

　　海军部社区是新加坡首个集公共设施和服务设施于一体的综合公共开发项目。作为城市化发展的一个范例，社区被设计成一个"垂直村落"，下层为公共广场，中层为医疗中心，上层为老年公寓，将人性化的温暖扎根于环境设计。设计充分发挥生态功能，将建筑与绿色有机融合，其中100%返还绿化率及1.2英亩（1英亩≈4047平方米）的软景观设计为整个社区带来了生机勃勃的生态感官体验，生物友好型景观策略在此项目中被体现得淋漓尽致。同时，社区中水资源的合理利用也积极响应了水敏感城市设计理念：将收集、清洁和回收的雨水用于非家庭用途的灌溉和水景配置。通过水敏城市设计，过滤后的水以及来自两个塔顶的直接径流水量足以维持连续三天的植物灌溉和回补两个生态池。为了保持生态池的高水质输出，引入生态净化群落来循环和净化生态池。在这种城市环境中，除了水的美学和疗愈价值之外，生态池的存在也有助于促进生物多样性和自然降温效应。

图 5-20　节能环保技术在环境设计领域的广泛应用

自然能源蓄能转化，如利用邻水等地理优势，设置太阳能、风能等转化设备，充分获取自然能源，辅助用电体系；植物垃圾再利用，将落叶作为有机肥料改良土壤等。

5.5.3　生态环境的修复设计

20世纪60年代以来，随着环境污染的日益严重，出于对潜在的环境危机的担忧，生态设计开始转向更为现实的课题——修复因人类过度利用而污染严重的废弃地。修复设计是一种贯彻生态与可持续的设计思想，促进维持自然系统必需的基本生态过程，恢复场地自然性的整体主义方法。

修复设计将生态学研究与环境设计紧紧联系在一起。麦克哈格在《设计结合自然》一书中提出了综合性生态规划思想，开创了生态设计的科学时代。生态修复设计肯定了自然作用对环境修复、保护的价值，推崇科学设计路径，强

图 5-21　丝丝写字楼

　　该项目荣获新加坡建筑师协会和国家公园局联合举办的"空中绿意"大奖，并入围世界建筑师年会"年度园林项目"大奖等。在墙壁、阳台、窗台、屋顶、棚架等处栽种攀缘植物，就形成了一面绿墙，这样可以充分利用空间，增加绿化覆盖率，改善居住环境，既达到降温、降噪、降尘的效果，同时又形成一道道城市绿色景观。垂直绿化不是简单地为建筑"刷绿"，绿墙必须对建筑的温度控制起到实际作用，对建筑设计元素和设计语言起到强化作用。垂直绿化不仅增添了室内空间的自然气息，研究表明植物还能挥发芳香醛成分，释放空气负离子，调节人体神经系统功能，净化空气细菌等。合理的植物配置将植被的观赏性和功能性有效结合，更好地实现了人与环境的有机融合。

图 5-22　秦皇岛滨海景观带修复

　　这是一个利用雨水的滞蓄过程进行海岸带生态修复的工程。该工程恢复了海滩的潮间带湿地系统；砸掉了海岸带的水泥放浪堤，取而代之的是环境友好的抛石护堤；发明了一种箱式基础，方便在软质海滩上进行栈道和服务设施的建设。项目应用"生态系统服务仿生修复技术"，采取多种生态恢复的手法，使昔日被破坏的海滩重现生机和活力。

图 5-23 红树林生态修复

　　三亚红树林修复工程的设计以红树根系理念恢复湿地系统，建立起适宜红树林生长的生境；采用人工种植与自然演替相结合的种植方式，健康稳固地恢复红树林；划分区域，分级保育，在红树林保护区与可开发区域形成鲜明的空间界定；建立慢行游憩系统，在自然基底之上引入休闲功能，从而建立起以红树林保护为核心的集生态涵养、科普教育、休闲游憩于一体的红树林生态科普乐园。

调依靠全面的生态资料解析过程获得合理的设计方案，强调科学家与设计人员合作的重要性。在设计中，应充分认识自然规律，使设计参与其中并对自然施加良性影响。

生态美肯定和丰富了生态的审美价值和内涵。生态美设计意识将视觉美感、环境体验与生态环保相统一，极大地促进了现代环境设计朝着生态、绿色、可持续的方向发展，实现人与自然的和谐。

知识重点：

1. 生态美学的内涵。
2. 环境领域的生态美设计观念。
3. 生态美在环境设计领域的体现。

作业安排：

1. 结合设计实践，分析生态审美观对环境设计的影响。
2. 结合章节内容、案例，分析环境设计领域生态修复设计的技术应用。
3. 结合经典案例，思考环境设计领域绿色设计的方法。
4. 结合章节内容，分析生态人文观念的内涵。

扫描二维码，
学习更多知识。

6 |

环境设计技术美呈现

工艺技术的设计融合
材料特性的美学表达
数字科技的设计应用

技术美学是随着 20 世纪现代科学技术进步产生的新的美学分支，是美学理论在物质文化领域中的具体化，同时又是设计观念在美学上的哲学概括。随着信息时代的到来，新的观念、新的技术为环境设计注入了新的内容。技术之美已成为环境美学的一个重要因素，并与其他审美的、功能的、形式的和环境的诸多因素相互作用，不断扩充着环境设计的内涵和外延。

6.1   工艺技术的设计融合

技术是一个历史范畴，它随着时代的发展而演变。古代将技术视为人的手艺、技巧、技能的总称。现代技术作为某一目的共同协作组成的各种工具和规则体系，以利用和改造自然为目的。技术的物质手段成为技术的主要标志，技术成为科学的物化。德国哲学家海德格尔在《技术的追问》中说道："技术不仅仅是手段，技术是一种展现方式。如果我们注意到这一点，那么技术本质的一个完全不同的领域就会向我们打开。这是展现的领域，即真理的领域。"

19 世纪，西方工业革命使机器生产方式得到普及。对于机器生产方式，当时人们存在两种不同的态度和历史观：一种视工业化的发展为一种危害，他们把目光转向中世纪，求助于手工艺生产；另一种则认为工业化是一个民族的必然命运，它是时代精神和大众化的体现，艺术家的使命是要为工业化生产创造出崭新的形式。技术美学针对人、技术和自然之间的审美关系进行研究，着重于人类技术活动的审美化，它关注人类在实践活动中的能力。技术的美学视域实际上是从人的整体性角度反映人的物质需要与精神需要的关联性。

6.1.1   工艺技术与现代主义设计运动

现代主义设计历经工艺美术运动、新艺术运动及装饰艺术运动的酝酿与准备，至德意志制造联盟时期臻于成熟。《包豪斯宣言》中写道："让我们来创办一个新型的手工艺人行会，取消工匠与艺术家的等级差异，再也不要用它树起妄自尊大的藩篱！"包豪斯开始开设与"技术"相关的一些课程，组织学生参观生产现场，倾听工人的技术讲解，启发学生的设计思路。包豪斯倡导"技术与艺术"相统一的设计思想，遵循"功能第一，形式第二"的原则，把美的问题与功能的问题统一起来。包豪斯设计思想推动了技术与艺术的融合，促进了现代设计运动的发展。恰如格罗皮乌斯对"技术与艺术统一"思想的表述："只有不断地接触先进的技术，接触多种多样的新材料，接触新的建筑方法，个人在进行创作的时候才有可能在物品与历史之间建立起真实的联系，并且从中形成对待设计的一种全新的态度……这是社会的必要需求。"

工艺技术是"科学性"和"实用性"的结合。罗兰·巴特指出："功能美不存在于对一种功能的良好结果的感受之中，而存在于产生结果之前的某一时刻被我们所领会的功能本身的表现之中。"工艺技术之美是实用价值的外化。苏格拉底曾说："任何一件东西如果它能很好地实现它在功用方面的目的，它就同时是善的又是美的。"系统化、规范化的现代技术工艺与理性因素使技术美更多地体现在对设计结果的感知，现代环境设计技术美的体现也正是受众对

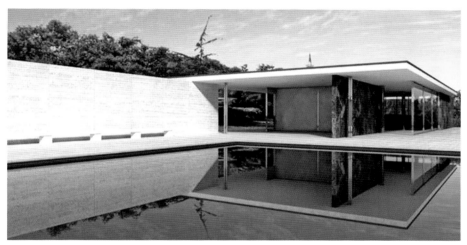

图 6-1 巴塞罗那德国馆

　　巴塞罗那德国馆在形式处理上，主要靠钢铁、玻璃等建筑材料表现其立面的光洁平直，以及材料本身的纹理和质感；在空间划分和建筑形式处理上，德国馆充分体现了密斯设计的结构逻辑性，以及空间自由分割与连通，与建筑造型密切相关的特点。密斯"少就是多"的设计理念正是"艺术与技术相统一"的设计观念的深化或落实。

图6-2 法古斯工厂厂房

　　法古斯工厂厂房由格罗皮乌斯与迈耶共同设计，厂房的四角没有角柱，支撑用的立柱减缩为狭长的钢带，充分发挥钢筋混凝土楼板的悬挑性能。整栋建筑表面光洁简单、清新紧凑，充分体现了技术与功能主义的美学应用。

环境使用过程美的感受。正如密斯说："形式绝不是我们工作的目的，它只是结果……好的功能就是美的形式。"包豪斯倡导的"功能主义"顺应科技进步与社会发展的潮流，主张发挥新材料和新结构的技术性能和美学性能，对当代环境设计技术美的认知有着重要的启迪作用。

科学技术一体化作为当代工艺技术的显著特点，工艺技术的革新对审美趣味和艺术风格的演变有着重要影响。特别是在环境设计领域，技术的影响更为深刻，技术形态不断推动着审美表现和审美价值的转变和提升。

6.1.2　工艺技术与高技派风格

环境设计技术美学是一种技术美本体制衡下的互动关系。环境设计实践为工艺技术提供直接经验，工艺技术又为环境设计提供更多可能。

从 20 世纪 50 年代后期起，在建筑设计领域出现了注重表现"高度工业技术"的设计倾向。贝伦斯设计的通用公司透平机车间成为建筑史上的一个重要案例，后来格罗比乌斯也以工厂建筑建立了自己的声誉，工业建筑在现代建筑的进程中扮演了特殊的角色。及至格罗比乌斯的德绍包豪斯校舍的设计，其布局和形式语言都深受工业建筑的影响。勒·柯布西耶在《走向新建筑》中提出建筑师要向工程师学习，建筑应该具备机器般的品质。机器的逻辑已经进入建筑的实践领域，机器的审美特性也越来越引人关注。

技术的进步带来建筑空间的变革，高技派以全新的设计语言重新诠释了技术文明对设计的影响。高技派体现了工业化带来的环境审美的重大改变，其中最具代表性的是法国巴黎蓬皮杜国家艺术与文化中心。高技派反对传统

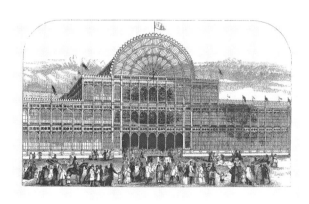 

图 6-3　伦敦水晶宫
　　1851 年伦敦世界博览会建筑水晶宫是 20 世纪现代建筑的先声，是世界上第一座用金属和玻璃建造起来的大型建筑，采用了重复生产的标准预制单元构件。与 19 世纪其他的工程杰作一样，它在现代设计的发展进程中占有重要地位。

图 6-4　通用公司透平机车间

图 6-5　德绍包豪斯校舍

图 6-6　巴黎蓬皮杜国家艺术和文化中心 1

图 6-7 巴黎蓬皮杜国家艺术和文化中心 2

由罗杰斯和伦佐·皮亚诺设计的巴黎蓬皮杜国家艺术和文化中心，坐落于巴黎古城区。这是一座由钢管和玻璃构成的"艺术容器"，简洁的矩形楼层与复杂的、表现技术的立面形成鲜明的对比。设计师罗杰斯曾说："这个中心要成为一个生动活泼的接待和传播文化的中心。建筑应成为一个灵活的容器，又是一个动态的机器，装有齐全的先进设备，采用预制构件来建造。它的目标是打破文化的和体制上的传统限制，尽可能地吸引最广泛的公众来这里活动。"

图 6-8　德国国会大厦

　　德国国会大厦位于柏林市中心，体现了古典式、哥特式、文艺复兴式和巴洛克式多种建筑风格，是德国统一的象征。诺曼·福斯特将高技派手法与传统建筑风格巧妙结合：保留建筑的外墙不变，将室内全部掏空，以钢结构重做内部结构体系，在国会大厦这一古老庄严的外壳里构建了一座新的现代化建筑。德国国会大厦最具亮点的设计是福斯特创造了一个全新的玻璃穹顶：两座交错走向的螺旋式通道、裸露的全钢结构支撑。夜间，穹顶从内部照明，为德国首都创造了一个新的城市标志。

图 6-9　诺曼·福斯特

　　诺曼·福斯特，第 21 届普利策建筑大奖得主，被誉为"高技派"的代表人物。诺曼·福斯特特别强调人类与自然的共同存在，而不是互相抵触，强调要从过去的文化形态中吸取教训，提倡适合人类生活形态需要的建筑方式。他认为建筑应该给人一种强调的感觉、一种戏剧性的效果，给人带来宁静。

的审美观念，在表现方式上推崇几何形式和简约风格，强调设计作为信息传播的媒介和设计的交流功能，材料的选择上倾向金属、塑料、玻璃、钢铁等工业时代的材料。高技派风格突出技术对审美的决定性影响，崇尚生产技术现代、冰冷、科技的感觉。"高技派"于20世纪80年代末传入我国，90年代中期开始应用于公共空间设计领域，通过技术的合理性和空间的灵活性传递工业与技术美感。

科技的发展引领审美观念的转变，技术的进步革新设计实践的方式。在追求技术美的过程中领悟工艺技术与设计日趋紧密的融合，而技术的更新进步也将在设计创作活动中不断丰富和完善技术美的内涵。

6.2　材料特性的美学表达

材料作为环境设计美学表达的主要载体与表现形式，是实现设计意图的重要物质载体，任何设计都离不开实体材料的支撑。新技术、新材料、新工艺的广泛应用，极大地促进了当代环境设计的创新发展。材料美作为技术美的范畴，其构成包括材料审美特征及其处理和使用方法，涉及材料的规范、工艺、技术、结构及功能等。

6.2.1　材料的设计属性

（1）材料的物理属性

材料的物理属性是指材料满足功能要求的材料属性，如力学性能、热性能、电磁性能、光学性能、防腐性能等。环境领域如建筑、景观、室内等都是由各种材料构成的，材料总要承受一定的外力、自重力以及周围各种介质的作用。因此，用于环境设计的材料除了必须适应自身的装饰效果以外，还应具有抵抗上述各种作用的能力，满足环境设计正常的使用功能，比如防水、保温、隔音等。

材料物理属性与材料的结构状态密切相关。环境设计领域常常依据材料的物化性能来进行分类：① 无机材料，包括金属材料（黑色金属材料和有色金属材料）和非金属材料（如天然石材、烧土制品、水泥、混凝土及硅酸盐制品等）；② 有机材料，包括植物材料、合成高分子材料（塑料、涂料、黏合剂）和沥青材料；③ 复合材料，包括沥青混凝土、聚合物混凝土等，一般由无机非金属材料与有机材料复合而成。

（2）材料的美学属性

材料的美学属性包括材料的感官特性和装饰特性，比如肌理、色彩、质感以及情感特性。人们对材料的认识感受是触觉、视觉的综合体验，包含了颜色、光泽、透明性、图案、形状、尺寸、质感等。环境设计中对材料的认知重点在使人通过视觉和触觉产生美感。

材料的美学属性如下：① 颜色是材料对光线选择性吸收的结果。色彩是材料最直观的感受。② 光泽是材料表面方向性反射光线的性质。不同的光泽度，可以改变材料表面的明暗程度，并可扩大视野或造成不同的虚实对比。③ 质感是材料表面的组织结构、花纹图案、颜色、光泽、透明性等给人的综合感受，比如不同透明度在环境设计中可以割断或者调整光线的明暗，造成特殊的视觉效果，也可以使物像清晰或者朦胧。④图案是环境设计过程中通过不同的工艺在材料表面形成的各种印记的组合，或者在材料的表面制作各种花纹图案（或用材料拼镶成各种图案）。⑤ 材料的形状和尺寸是设计的重要因素，改变材料的形状和尺寸，并配合纹路、颜色、光泽等可以拼镶出各种图案，从而获得不同的装饰效果，以满足不同的形式需要，最大限度地发挥材料的装饰性。

材料在视觉、触觉和综合心理反映方面有其特定方式，感受各种材料传达给我们的丰富信息，借助材料的各种表现形式，将其运用到环境设计的各个领域，可起到丰富和装饰环境、空间的作用。

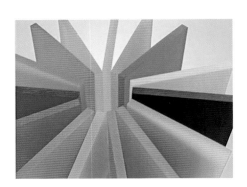

图6-10　材料的光泽与肌理

图6-11　材料的色彩温度

图6-12　材料的透明性

图6-13　材料的质感

图6-14　金属质感材料的空间设计应用

图6-15　半透明玻璃材质的空间设计运用

图6-16　水泥材料的空间设计运用

图6-17　灰砖材料在设计中的应用

图6-18　富阳文化综合体

　　富阳文化综合体，用再生瓦片作为立面材料，波浪形屋顶由形态多样的瓦片覆盖，悬挑屋顶尖端向上的曲线设计成与中国传统建筑飞檐相呼应的形态。"无须直接参照历史便能唤起过去"，通过瓦片砖石材料细节，再生传统文化的生命力，倾诉对乡土村落保护的愿望。

6.2.2 材料的美学特点

材料作为艺术设计过程中美学信息的载体，对人们的审美观念和审美水平具有明显的影响。材料作为环境设计的物质基础，既是设计意图实现的媒介，也是功能价值体现的载体。材料美学的研究不仅关注材料的原生美感，也涵盖了设计过程中材料所体现出来的综合美学效应。

材料质感是材料美的具体反映。人们对材料产生的心理和生理效应就是质感，质感体现的是物体表面在某些内外因素的作用下形成的整体架构，是在多种感官作用下形成的感受。质感作为材料美的本质属性和内在核心，能够很好地体现材料的结构和形式特点，包括颜色、肌理、构造、质地等，而且不同的材料给人的感觉是不同的，即使是相同的材料，由于加工方法的差异也会给人不同的感觉。

材料肌理是材料美的表现介质。肌理主要由视觉肌理和触觉肌理两部分组成。视觉肌理主要是以人的眼睛作为感知器官，而触觉肌理是用手去触摸体验到的感觉，比如表面的平滑度、重量、硬度、湿度等。肌理作为物体最表层的组织结构，能够将物体材质之间存在的细微差异体现出来，能够充分展现材料质感的特殊性和差异性。

材料情感是材料美的内涵体现。当艺术家与设计师将材料作为研究的对象时，关注的往往是材料以外的生命体验，是一种情感的体现，即一种非物性的精神气质。材料的巧妙运用、不同材料的组合方式、不同的构筑方法，会产生许多不同的视觉效果，传达出不同的情感与体验。正如丹麦设计大师卡雷·克林特所言："用正确的方法去处理正确的材料，才能以率真和美的方式去解决人类的需要。"

环境设计要充分注重材料的美学特性与场所环境的关系，注重材料的美学特性与形式处理方式的关系，注重不同材料的搭配与环境设计对象的关系，充分发挥材料本身对环境多样性的设计价值。同时，还应注重材料的物理特性对环境功能性的影响。

6.2.3 材料美学的表现方式

材料的美学不仅局限于材料本身的审美，也包含了材料设计加工生成的审美效应。设计时，应在尊重设计材料原有的美感和艺术特性的前提下，选择适当的处理方式和表现方式。

（1）材料美的表现

材料美的表现有具体和抽象两种形式。受思维定式的影响，一看到某种材料就会想到它的固定特性及美感，例如：钢材的坚硬、冷峻和稳固；塑料的光滑、圆润和亮丽；玻璃的细腻、明亮和洁净；竹藤的轻巧、纯朴和雅静等。应用材料的不同表现方式进行设计，会产生出不同的视觉效果，不同的构筑方法体现出不同的表情与性格。通过对材料色泽、纹理、软硬、轻重、糙滑、温润等特征的抽象表现及应用，实现设计更为丰富的信息传达，不断丰富环境设计材料表现方式和设计手段。

（2）材料的综合表现形式

材料的综合表现形式不是简单的物质堆砌，而是以材料的某一属性为依据，通过材料的再设计，实现材料功能与形式的完美整合，以获取新颖的感官体验，最大限度满足人们的审美追求。

材料科学发展日新月异，材料选择也更加多元和灵活。材料美感的准确判断和选择是材料综合表现的基础。设计师通过累加、解构、重组、拼贴组合、堆砌切割等手段对材料进行多种形式的演变，创造出材料新的视觉形态。材料的综合表现以独特的设计创意和手法凸显材料的美学价值，是材料美学属性应用于环境设计领域的重要设计手法。

在环境设计中，技术美的实现是材料与工艺完美结合的产物，精湛的工艺技术是实现设计效果的前提和保障。一个好的设计必须在设计构思上针对不同材质和不同工艺进行全面综合的考虑。

图6-19　红砖博物馆

图 6-20　地中海文明博物馆

　　法国马赛的欧洲及地中海文明博物馆是现代先进混凝土材料在建筑美学中最为典型的应用之一，这种宛如"蕾丝"的独特视觉冲击完全颠覆了人们对水泥基材料的原始印象。

图 6-21　透明肌理材料在空间中的应用

　　建筑空间内，墙体采用半透明的有肌理特征的材料，利用光影对形体的可塑性，营造一种扑朔迷离的、梦幻般的环境空间效果。

图 6-22　材料的拼贴与堆砌组合应用

图 6-23　UR 全国首家概念店

　　UR 全国首家概念店地处风口，设计师通过薄铝板设计安装，在不同季节与时间呈现出不同的动态节奏，形成"鳞片"效应，透过结构化、碎片化等抽象的设计，以及灯光的结合获得更多未知的感官体验。

6.3 数字科技的设计应用

不同历史时期，技术介入艺术的程度和方式不同。进入 21 世纪以来，数字技术作为完整的技术硬件系统介入艺术设计的创作，增强了设计作品的技术含量，并逐渐渗透和影响环境设计的发展演变。人们对环境的要求随着科技的更新而日趋智能化、科技化，数字技术把人类丰富的想象力变为视觉感知形象融入环境体系，同时兼具虚拟性和逼真性的特点，拓展了环境设计表现的方法内容和题材范畴。

6.3.1 数字技术与环境设计

数字技术作为一种新的艺术与科技手段，拓展了人们的视觉疆域，实现了更为便捷、准确、生动的信息收集与传播，已经成为环境设计领域重要的技术载体。

（1）利用数字化技术改良设计

设计师通过数字化技术的应用给设计提供了方便，减少了浪费，最大程度地提高设计效率，降低设计所需要的成本。除此以外，数字化技术还能给相关设计人员和设计单位提供技术上的支持，比如项目评测工具，让设计师找到合适的设计参数，从而使整体设计更加流畅和顺利，实现设计质量的最优化。

（2）数字化技术带来全新的设计展示手段

数字化技术给设计工作者提供了更加便利和直观的感受。通过数字化技术，可以让设计作品更好地展现在人们的视野当中，达到更好的宣传效果，用户在观赏设计的过程中可以直观地看到设计中的欠缺，并及时指出问题所在，实现设计方案更为高效和准确的修改。

（3）数字化技术有助于设计方案的验证

利用虚拟的场景对施工条件和施工材料等进行科学验证，通过大量科学数据等对比，提高方案的可行性，最大程度地减少设计误差，提高施工效率。

环境领域数字化技术应用，集合文字、图像、影像、声音、气味、灯光、交互行为等，形成人与空间环境的新的交流形式和途径。数字技术的快速发展，不仅给设计工作者提供了更多的设计保障，也为环境设计的发展提供了更多可能。

6.3.2 新型数字化技术

（1）BIM技术

基于三维数字设计解决方案所构建的可视化数字建筑模型，即 BIM（Building Information Modeling）。建筑信息模型是以三维数字技术为基础，集成了建筑工程项目各种相关信息的工程数据模型，是对工程项目相关信息的详尽表达。建筑信息模型是应用于设计、建造、管理的数字化方法，这种方法可以使建筑工程更快、更省、更精确，各工种配合得更好，减少图纸的出错风险，而长远好处已经超越了设计和施工的阶段，惠及将来的建筑物的运作、维护和设施管理。

随着信息技术的发展，环境设计领域的 BIM 技术应用也将更加广泛，不仅有助于提升效率与精确性，还能更好地降低施工时间和经济成本，节约社会资源。在工期协调、冲突检测、跨部门合作、视觉表达方面的设计优势将逐渐显现。

（2）虚拟现实技术

虚拟现实技术（VR），是 20 世纪发展起来的一项全新的实用技术。近些年取得了巨大进步，并逐步成为一个新的科学技术领域。虚拟现实技术集计算机、电子信息、仿真技术于一体，其基本实现方式是计算机虚拟环境从而给人以环境沉浸感。随着社会生产力和科学技术的不断发展，各行各业对 VR 技术的需求也日益旺盛。

（3）3D 打印

3D 打印（3DP）是快速成型技术的一种，又称增材制造，它是一种以数字模型文件为基础，运用粉末状金属或塑料等可黏合材料，通过逐层打印的方式构造物体的技术。它是制造三维物体的多种机械工艺的统称。

随着 3D 打印技术的发展，一种以粉末 3D 打印技术为基础的制备工艺可直接将水泥粉末成形，制作结构造型极为复杂的水泥构件，例如通过 3D 打印制作景观小品。该作品结构精密，表面几乎不具任何加工痕迹。3D 打印技术的突破，将对环境设计领域产生积极而深远的影响。

6.3.3 数字媒体技术

数字媒体技术作为一种艺术表现手段在环境设计领域受到了越来越多的关注。当数字媒体以多种形式融入环境设计时，设计作品成为被赋予感觉、思考等可调适的生命体，并可以让观众和环境进行实时互动。数字媒体技术与环境的结合，唤起人们对环境新的感受与情感，也赋予了环境新的时代烙印。

（1）影像装置与环境设计

影像装置是随着科技进步出现的新的艺术创作媒介形式，它始终保持着与艺术边界、技术创新和社会文化的对话，并逐渐走进当代艺术的中心位置，在环境设计领域得到快速发展。虚拟现实影像配合一些特定的装置，运用灯光将数字影像投影到环境当中，让参与者在虚拟空间获得真实空间的体验。虚拟现

图6-24　天津周大福金融中心

　　位于天津滨海新区的天津周大福金融中心是中国目前长江以北的第一高楼,荣获全球建筑及自然环境领域公认的至高荣誉——皇家特许测量师学会(RICS)颁发的中国奖2020年度BIM最佳应用冠军和年度建造项目冠军。基于全员、全专业、全过程的"三全BIM应用思路"的数字化设计,实现了"设计零变更、加工高精度、现场零储存、施工零返工、运维低成本"的目标。中心晶莹剔透的蜿蜒造型更体现出数字化设计在实现超复杂几何结构形态方面的卓越贡献。

图 6-25　3D 打印的景观小品

　　花朵绽放形状的亭子由 840 块独一无二的 3D 打印硅酸盐水泥砖块建筑而成。这个 9 英尺（2.7 米）高的亭子以十字形作平面图，上升过程中采用影像变形技术，变成一个扭曲 45°的相同的十字形。在这个亭子的正面，孔眼印到水泥块上，打造出一个受传统泰国花朵图案启发的设计。

图 6-26　彩虹车站

　　荷兰艺术家丹·罗斯加德为阿姆斯特丹中央火车站创作的彩虹车站，是光影技术与建筑结合的设计作品。他邀请科学家用液晶膜制作了一个具有"几何相位全息"技术的滤光器，再将一盏 4000 瓦的聚光灯透过滤光器散射到车站的玻璃上。滤光器能有效地散射 99% 的白光，显出光谱中的所有颜色，制造出奇幻绚丽的都市彩虹景象。该项目运用的影像装置技术，给具有历史情怀的阿姆斯特丹中央火车站赋予了全新的意义。在罗斯加德的作品中，数字技术已不仅是工具，它已经成为一种方法，影响着人们的交流方式和思维方式，突破了传统设计作品的固有形式。

图 6-27　《虚拟水灾》

　　《虚拟水灾》利用 LED 照明、计算机编程等光电投影技术，在阿姆斯特丹国立博物馆广场的上空展现了古老的城市淹没于海底的奇观。沉浸式的海洋体验唤醒人们对大自然的尊重与保护，深刻地体现出了艺术家用科技艺术化的方式对环境的思考。

图6-28 多媒体公共装置"Wave"

　　位于韩国首尔的多媒体公共装置"Wave"由高20米、长80米的巨型LED曲面屏幕构成，如同一个巨大的鱼缸，鱼缸里面的水浪一直翻滚好像随时都会冲破玻璃一倾而下，淹没街道和城市，让人即便不能去海边也可以感受到夏日清凉。逼真的浪潮在4倍篮球场大小的屏幕里不断向外冲击着，将现代科技和艺术极致融合为一体，将城市和自然的壮观景象融为一体，视觉效果极其震撼。

图 6-29 "NEXEN UNIVERCITY"

　　项目位于韩国轮胎公司 Nexen 的研发办公楼的底部大堂，宽 30 米、高 7 米的 LED 媒体墙上演着神奇的视觉艺术，带有不同效果的海浪在这里同样刺激着人们的眼球，访客从这里进入大厅，通过使用数字媒体技术，结合视觉创意，创造出令人震撼的空间感受。

图 6-30 《沙丘 4.0》

　　《沙丘 4.0》是由数百个光纤组成的一个交互景观装置，装置产生的物理变化由观众控制。观众移动或发出声音，光纤随之改变状态，因为装置的内部装有麦克风和现实传感器，可将捕捉到的人类活动通过传感器由软件进行处理并输送至电子元件。这是一件完全由参观者控制的设计作品，没有参观者的时候，装置将不会被启动。当参观者走入，光纤会立刻开启，仿佛是人们动作的延伸。

实技术的成熟让动态影像表现有了将虚幻与真实结合起来的可能，将环境空间塑造得更加奇幻丰富。

（2）互动装置与环境设计体验

互动装置是一种将直观的视觉设计与技术完美契合的艺术形式。在创作者营造的特定时间相关的环境中，提前设定好参与规划与信息传播装置，通过互动装置吸引参观者主动介入，让观众主动参与设计创作，并通过互动实现设计创作的意图，从而影响作品的呈现过程以及最终的呈现结果。

以视听语言为基础，数字媒体技术运用声音、灯光、投影等手段进行创作，以一种更具交互性和诗意的方式强化人们的环境感受，对环境设计领域带来巨大变革。从机械技术时代进入数字技术时代，技术和艺术的关系从来没有像今天这样紧密。科技创新成果推动设计的发展，科学技术将更加深刻地影响人们的审美和艺术走向。随着5G技术的广泛应用，更多前沿科技的应用将促使环境设计与技术的关系更加密切，将为打造更加丰富、更具创意的集听、看、触、互动等多重感受于一体的空间环境带来更多可能。

知识重点：

1. 工艺技术与现代主义设计。
2. 材料表现方式与设计应用。
3. 数字技术在环境设计方面的美学应用。

扫描二维码，
学习更多知识。

作业安排：

1. 结合设计实践，分析高技派在室内空间设计方面的应用特点。
2. 结合章节内容，思考技术美的内涵。
3. 为什么说设计是技术与艺术的结合？
4. 结合设计案例，分析材料与技术的美学关联。
5. 结合章节内容，分析工艺技术对现代主义设计发展的影响。
6. 结合章节内容，分析数字技术对环境设计的影响。

7 |
环境设计艺术美思潮

7.1　现代艺术的设计启迪

从 19 世纪下半叶开始，以绘画为主导的艺术领域发生了前所未有的变化。以莫奈为代表的印象派艺术率先反对学院派艺术，并与随后涌现出的野兽派、立体主义、抽象主义等构成了西方现代派艺术。

20 世纪现代艺术的发展，一方面，注重新的艺术母题思维方式与纯形式语言的艺术研究，强调人类的理性知觉，这一条线索由"现代艺术之父"塞尚挑起，从野兽派、立体主义走向构成主义及几何抽象，这是冷静的理性抽象主义。它们纯粹的理性思维表达了简洁而富有逻辑的思想，最终创造了一种独立于客观自然的抽象艺术。另一方面，作为达达主义的代表人物，杜尚从根本上颠覆了艺术的固有概念。沿着杜尚指引的方向，西方艺术陆续出现了波普艺术、新现实主义、集成艺术和装置艺术等，并由此延展出大地艺术、行为艺术、偶发艺术和过程艺术等。这类艺术力求打破艺术与生活、艺术家与大众的界限，重视的是创作过程、行为和体验，而不是创作的结果，总体来说更强调非理性思维的抽象。

现代设计的探索起源于 20 世纪初西方新艺术运动及其引发的现代主义浪潮。新艺术引导欧洲艺术放弃写实性而走向抽象性，这一艺术倾向对建筑与环境领域的影响是巨大的，它赋予了设计思维与审美新的内涵与转变，主要表现为两个方面：①审美价值多元化。形式和功能的审美价值观作为设计审美主流贯穿了整个 20 世纪。但在不同的历史发展阶段，尤其是 20 世纪下半期，还充斥着很多其他的价值观，从而构成了现代设计审美价值的多元化特征。②审美情趣个性化。在当代追求个性表达具有广泛的哲学文化基础。西方哲学中非理性思潮的泛滥，使"尊重个性、肯定个人价值"的呼声日益高涨，这种思潮反映到环境设计领域，就是表现自我、弘扬个性。

法国前卫园林，形成并影响了现代环境设计体系的产生和发展。1938 年唐纳德在《现代景观中的园林》中提出了功能的、移情的和美学的设计理念。现代环境设计将人的需要、自然环境条件作为重要的设计因素，提出了功能主义的设计理论。20 世纪 60—80 年代，生态主义日益得到重视，成为环境设计的主要发展潮流。受现代主义之后的观念和思潮的影响，现代环境设计逐渐发展为功能、生态、科学、艺术多元化融合的设计体系，表现出丰富多样的设计形态。

图 7-1　塞尚《贝西塞纳河》

图 7-2　马塞尔·杜尚《泉》

图 7-3　唐纳花园

　　1948 年设计的唐纳花园是托马斯·丘奇的代表作品，也是现代主义园林的代表作品。丘奇是 20 世纪少数几个能从古典主义和新古典主义的设计完全转向现代园林的形式和空间的设计大师，他开创了园林设计的新途径，他的设计平息了规则和自然式之争，使建筑和自然环境之间有了一种新的衔接方式，因此被誉为"最后一位伟大的传统设计师和第一位伟大的现代设计师"。

托马斯·丘奇的设计富有人情味，他反对形式绝对主义，丘奇作品中的现代感不仅仅是形式、视觉和空间品质的联系，更重要的是其设计中综合了场所的特性、地区的景观和新的生活方式，是一个融合了本土的、时代的和人性化要素的设计。唐纳花园设计以功能为主导，设计语汇聚集了现代设计经典元素，庭院的轮廓以锯齿形和曲线形相连，肾形游泳池的流畅线条以及池中雕塑的曲线与远处海湾的 S 形线条相呼应。

7.2　理性抽象艺术的设计影响

在整个 20 世纪，理性抽象艺术基本上循着抒情的抽象和几何的抽象两个方面。英国风景园林师唐纳德指出，"抽象艺术在设计形态和色彩运用的相互关系上，拓宽了造园家的眼界"。理性抽象艺术为现代环境设计提供了丰富的、可借鉴的形式语言。

7.2.1　野兽主义

现代艺术的开端是马蒂斯开创的野兽派，野兽派形成于 1905 年，是 20 世纪最早的现代艺术运动。他们作品中那令人惊愕的颜色、扭曲的形态明显地与自然界的形状不同。野兽派追求更加主观和强烈的艺术表现，对西方现代艺术的发展产生了重要的影响。

野兽主义对设计的影响，体现在运用抽象绘画的构图形式以无规律的曲线样式作为设计框架，通过强烈的色彩对比，以及简约的构图等现代设计手法，组合成自由的色块形式，以各种自由变化的大曲面形态作为平面图形，风格特征表现出强烈对比下的和谐统一。

7.2.2　立体主义与构成派

以毕加索、G.布拉克为代表的立体主义用块面的结构关系来分析物体，表现体面重叠、交错的美感。立体派绘画中出现了多变的几何形体，出现了空间中多个视点所见的叠加，在二维中表达了三维甚至四维的效果。

抽象主义的先驱康定斯基以点、线、面的组合构成，用绘画的方式传达观念和情绪。构成主义的代表人物塔特林，采用非传统的材料，如木材、金属、

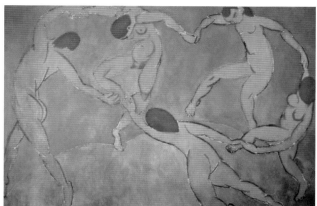

图 7-4 马蒂斯《舞蹈》

图 7-5 科帕卡巴纳海滩

　　里约热内卢的科帕卡巴纳海滩（Copacabana Beach）是世界上著名的四大海滩之一。巴西景观设计师布雷·马克斯将抽象绘画的构图形式运用到景观设计，采用流动的抽象图案，用马赛克块作为铺装材料，颜色来自本地天然的白、黑和可可棕（红）。从高空看，场地铺装是一系列连续的抽象的图案，自然流畅并且没有重复，抛物线状的波纹与海浪相呼应，成为科帕卡巴纳海滩的标志。

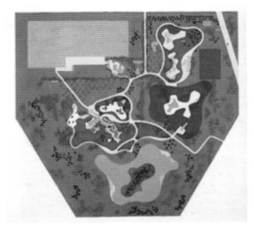
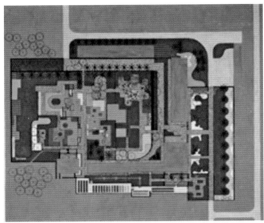

图 7-6　布雷·马克斯作品

　　布雷·马克斯的风格始于 20 世纪 40 年代的有机形式，他的作品凸显出野兽派和表现主义的影子。他认为艺术是相通的，提倡用流动的、有机的、自由的形式设计园林，其风格被人称为"现代巴洛克"。他在园林中主要使用色彩作为视觉语言，往往使用大量的同种植物形成大的色彩区域，以一种新的方式来思考自然，揭示自然的美丽，创造出自然环境和人类生活的协调关系。

图 7-7 毕加索绘画作品

图 7-8 布拉克绘画作品

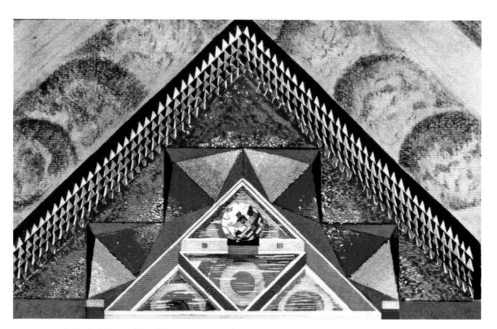
图 7-9 古埃瑞克安设计的《光与水的花园》平面

　　《光与水的花园》用理性和规则化的表现形式体现的不仅是某种几何形主题的单独应用，而且是景观创作形式层面的真实进步，揭开了法国现代景观设计新的一页。

图 7-10　古埃瑞克安 Noailles 别墅的花园

　　设计师采用三角形和方形母题，采用重复、并置等平面关系构成图形，竖向高低错落，通过花篱与铺装设计，形成当时令人耳目一新的"立体派园林"。

图 7-11　立体主义表现风格的现代儿童娱乐空间

玻璃、塑料等加以焊接、粘贴，创造出立体性构成的雕塑作品。构成主义对环境设计在非传统材料的使用上产生了很大的影响。

　　真正奠定几何抽象主义理论基础并在艺术实践上有突出贡献的是荷兰画家蒙得里安。1917年，蒙德里安和荷兰一些艺术家、建筑师组成了一个艺术团体，取名风格派。他们认为以往的设计形式已经过时，最好的艺术应该是基于几何形体的组合和构图，要在纯粹抽象的前提下，建立一种理性的、富有秩序和完全非个人的绘画、建筑和设计风格。

　　风格派有两个重要思想影响了包括环境设计在内的设计领域：一是抽象的概念；二是用色彩和几何形体组织构图与空间。设计师的作品中体现出的风格或者说设计特点实际上都是创作者思想的折射。

　　风格派的代表人物是巴拉干，他设计中的美来自对生活的热爱与体验，来自童年时在墨西哥乡村接近自然的环境中成长的梦想，来自心灵深处对美的追求与向往，其作品赋予了我们精神归宿。他的设计以情感为媒介，创造出的空间无论内外都让人感受与思考环境，唤起人内心深处的、怀旧的和来自遥远世界的单纯情感。

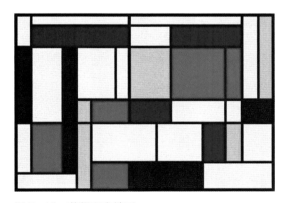

图 7-12　蒙得里安绘画
　　蒙得里安认为绘画的本质是线条和色彩，两者可以独立存在。最简单的几何形象和最纯粹的色彩表现事物内在的冷静、理智和逻辑的平衡关系。他的绘画对后来的景观设计有深远的影响。

图 7-13　具有风格派艺术特征的花境设计

图 7-14　拉斯阿博雷达斯居住区的饮马槽广场

　　高高的白墙、长长的浅水池、水池尽端的蓝色墙面、地面和墙面的落影、水中的倒影构成了一个三维的光的坐标系，一天之中随着光线的变化，像一支迷离的舞蹈，把人带入了梦的景致当中。

图 7-15　圣克里斯多巴住宅庭院

图 7-16　充满质感的风格派公寓设计，空间与精神融为一体

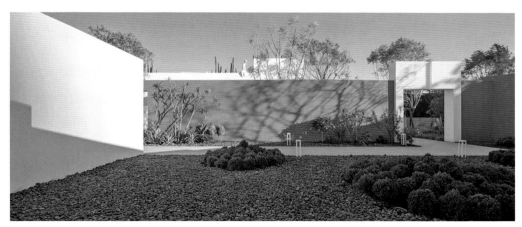

图 7-17　极富风格派艺术特征的昆明保利天际花园示范区环境设计

7.2.3　未来主义

未来主义是 20 世纪初在意大利产生的文艺流派和思潮，强调同旧传统文化的决裂，追求文学艺术内容和形式的全面革新，赞美"速度的美"和"力量"，展示人的意识冲动，甚至颂扬战争、暴力和恐怖。未来主义在现代工业科技的刺激下，用分解物体的方法来表现运动的场面和运动的感觉，热衷于形体的重叠、并置、变形、运动、增生。劳伦斯·哈普林 1960 年为波特兰市设计的系列广场表现出了未来主义的特征。哈普林继承了格罗皮乌斯的将所有艺术视为一个大的整体的思想，从音乐、舞蹈、建筑学以及心理学、人类学等广阔的学科中汲取营养，促成了其具有创造性、前瞻性且与众不同的设计。

7.2.4　极简主义

早在 20 世纪早期俄国画家马列维奇创建的至上主义便进行了艺术的虚、空、无方面的尝试，这对极简主义有一定的启发意义。极简艺术开始于绘画，后来主要在雕塑方面形成自己的全部特征，1965 年，英国哲学家沃尔海姆用这个称谓来描述那种为了达到美学效果而竭力地减少艺术内容的当代艺术品。这个词立刻被评论家们用作当时在美国出现的特别简单的雕塑的标签。

极简主义设计风格源自 20 世纪中期的美国，它是汲取了结构主义和抽象主义的精华而创立的一个艺术流派，又被称为 Minimal Art。包豪斯建筑学派所推崇的"形式服从功能"是极简主义的原点，而视觉表现方面，极简主义又受到了几何学图形和抽象风格的启发和影响。到了 20 世纪 60 年代，极简主义概念逐渐成熟，著名建筑大师密斯·凡·德·罗坚持的建筑设计理念"少就是多"，清楚地阐明了极简主义的基本理论，又让这股极简潮更加风行，逐渐成为主流的设计艺术派系。需要注意的是极简主义并不完全等于简约主义，但简约却是极简主义的核心。

极简主义是结构主义经过长期发展而产生的一种新的艺术产物。它以简洁的几何形体为基本艺术语言，是一种非具象、非情感的艺术，主张艺术是"无个性的呈现"，以极为单一、简洁的几何形体或数个单一形体的连续重复构成作品。极简主义设计运用几何的或有机的形式，使用新的综合材料，具有强

图7-18 演讲堂前庭广场

　　混凝土台地边沿规则折线的组合，或并置、或重叠，产生出大尺度的韵律感和动势，与层层跌落的水瀑交织在一起，相得益彰。

图 7-19　爱悦广场

　　爱悦广场采用不规则的折线解决了台地的高程变化，表现了自然等高线的不规则台地和象征洛基山山脊线的休息廊屋顶。

图 7-20　劳伦斯·哈普林在加州席尔拉山的速写（左）和爱悦广场构思草图（右）

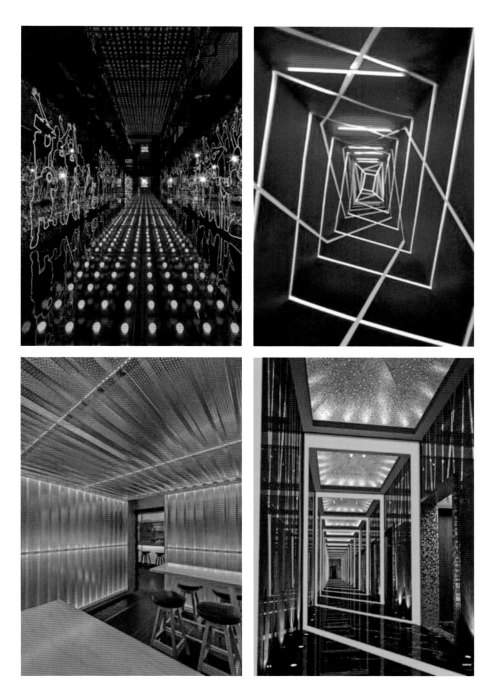

图 7-21　未来主义表现风格的室内设计

图 7-22　未来主义手法——新加坡高端住宅景观设计

烈的工业色彩。

极简主义始终追求极致的简，主张以其自身最原始的形态展现作为表现方式，注重对原始结构形式的回归——回到最基本的形式、秩序和结构中去，这些要素与空间有很强的联系。在当下，极简主义囊括的领域和事物泛及各行各业，人们终日忙于对物质的追求，精神长期处于高压状态下，所以需要极简主义的设计理念来为生活做减法，让人们重获简单舒适的生活，这已成为一种未来潮流的走向。

极简主义作为现代主义的最后一个重要流派也是现代主义的终结。艺术到了极简主义这里就蜕变成了一种观念和无所不在的几何形体。

在环境设计领域中，不少设计师与极简主义艺术家一样，在形式上追求极度简化，以较少的形状、物体和材料控制大尺度的空间，形成简洁有序的环境与空间。同时，极简主义还表现为运用单纯的几何形体构成环境要素或单元，不断重复，形成一种可以不断生长的"活"的结构；或者在平面上用不同的材料（如不锈钢、铝板、玻璃等）、色彩、质地来划分空间，此外也常使用天然材料。这些设计手法都不同程度地受到了极简主义的影响。

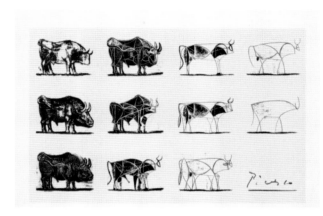

图 7-23　毕加索名画《公牛》

毕加索通过自己的意识对最初的画稿进行删减，最后留下了几笔线条。中间的一切过程都是思考的过程，如此我们可以清楚地看到毕加索是如何把一个写实的具象化图像，通过提取其中的有效信息，逐渐简化，最终获得一个简练的抽象化图形的。

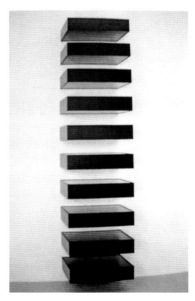

图 7-24　唐纳德·贾德的雕塑《无题》

极简主义代表人物唐纳德·贾德的作品《无题》是一系列相同形状的长方体的串联，对此他解释说："形状和材料不应为内容的牵强附会所改变。一只箱子或排成一行的四只箱子，任何单个的物体或一个系列都有它们的安排秩序，都是一种排列，仅仅是顺序而已。"贾德的"顺序"理念在以彼得·沃克为代表的景观设计师的作品中被完整地表现出来。

图 7-25 唐纳喷泉

唐纳喷泉是一个充满矛盾的极简艺术品。材料、概念和它们的不同意义互相冲突并让人产生疑问。这种艺术表达很适合校园中大学生们对知识的存疑及哈佛大学对智慧的探索。——美国极简主义景观设计师彼得·沃克。

它是景观设计师创作的公共雕塑品的早期典范之一。它开启了专业设计的先河,经受了时间的检验,同时保留了全部原创思想。景观设计师把它设计得便于人们接近,以一种非传统的形式表现喷泉,呈现四季的变化,形式多变。它已深深扎根于人们的记忆中。——2008 ASLA 获奖评语

图 7-26　伯纳特公园

伯纳特公园采用了网状主路与 45°斜交次路相结合的规整布局结构，在比路面略低的绿色草坪的衬映之下，产生了一种强烈的图案效果。由方形小水池拼成的长方形水池带穿插在"米"字形图案中，形成了一种新的节奏与质感。道路与草坪外围东、西、北三侧为由长方形、圆形种植坛组成的临街休息带，其外侧有行列植的乔木。

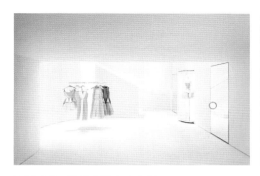 

图 7-27　极简主义室内空间

极简主义室内空间设计讲究极致简洁，摒弃乱七八糟、含糊繁杂的设计元素。空间大面积的留白，在界面转折的地方注意连贯统一，材质可以不同，但造型统一或者材质与造型两者都统一起来。极简主义并不是绝对抵制所有造型和元素，线条装饰可以以组合成面的形式呈现，既有丰富的细节，又能兼顾空间的大气，营造空间视觉美学的层次感和韵律感。

沃克的极简主义设计在构图上强调几何和秩序，多用简单的几何母题，如圆、椭圆、方形、三角形，或者这些母题的重复，以及不同几何系统之间的交叉和重叠。在材料使用上，除了新的工业材料如钢、玻璃外，还挖掘传统材质的新魅力。通常所有的自然材料都要纳入严谨的几何秩序之中，水池、草地、岩石、卵石、沙砾等都以一种人工的形式表达出来，边缘整齐严格，体现出工业时代的特征。种植也是规则的，树木大多按网格种植，整齐划一，灌木修剪成绿篱，花卉追求整齐的色彩和质地效果，作为严谨的几何构图的一部分。他的作品能创造一种具有"可视品质"的场所，使人们能够愉快地在里面活动。作品注重人与环境的交流，人类与地球、宇宙神秘事物的联系，强调大自然谜一般的特征，如水声、风声、岩石的沉重和稳定、缥缈的雾以及令人难以琢磨的光等。他对景观艺术的探索，达到了当代景观设计的高度。

7.3　非理性抽象艺术的设计影响

第一次世界大战期间出现的达达主义的虚无主义和反传统的精神，贯穿于整个西方现代艺术的进程之中。作为达达主义的代表人物，杜尚从根本上颠覆了艺术的固有概念。把偶然性、机遇性运用在艺术创作中，是达达主义对现代美学的贡献。非理性抽象艺术力求打破艺术与生活、艺术家与大众的界限，重视的是创作过程、行为和体验，而不是创作的结果，更强调非理性思维的抽象。非理性抽象艺术倾向极大地影响着环境设计的理论发展及一系列创作实践。

7.3.1　表现主义

表现主义是 20 世纪初至 30 年代盛行于欧美的一个流派，它以其极大的主观性着眼于人类精神与体验的直接表现，反映在艺术创作上则为不满足于对客观事物的摹写，要求表现事物的内在实质，要求突破对人的行为和人所处的环境的描绘从而揭示人的灵魂，要求不再停留在对暂时现象和偶然现象的记叙而展示其永恒的品质。

表现主义艺术强调创作者的主观精神和强烈的感情表现，形成了对客观形态的夸张、变形乃至怪诞处理的艺术风格。

7.3.2　超现实主义

超现实主义否定现实主义和传统文化，强调潜意识和梦幻，提倡"事物的巧合"，倡导"自

图 7-28　表现主义绘画《美丽的女家庭老师》

图 7-29 安东尼奥·高迪《米拉公寓》

图 7-30 巴塞罗那居尔公园

　　"直线属于人类，曲线属于上帝。"西班牙建筑师安东尼奥·高迪设计的居尔公园集中体现了表现主义风格特征。高迪以超凡的想象力，将建筑、雕塑和自然环境融为一体。整个设计充满了波动的、有韵律的、动荡不安的线条和色彩，以及光影和空间的丰富变化。围墙、长凳、柱廊和绚丽的马赛克镶嵌装饰表现出鲜明的个性。

图 7-31 芬兰咖啡厅

　　表现主义使用活跃的几何形式表达自己生成的情绪和想法。表现主义空间设计传递的是空间情感与体验，而不仅仅是空间现实。

图 7-32　米罗《月光中的女人与鸟》

图 7-33　玛格利特《坠落》

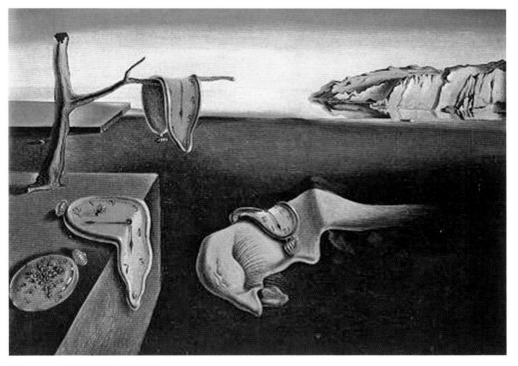

图 7-34　达利《记忆的持续》

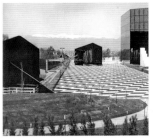

图 7-35　万圣节广场

　　1982 年由乔治·哈格瑞夫斯完成的万圣节广场，被称为美国景观设计的分水岭，它标志着超现实主义设计形式的极大成功。乔治·哈格瑞夫认为任何传统的设计元素，都会被围合广场的建筑的玻璃幕墙所形成的环境淹没，因此他采用了包括镜面材料在内的硬质景观来反衬、强化这一环境特征。两堵具有透视变形功能的墙体将广场一分为二，红色墙体的一端放置了一个玻璃锥形金字塔，另一端也覆以镜面材料，强化了广场的映射、反射的超现实主义视幻觉效果。

图 7-36　超现实主义在环境小品设计中的应用

图 7-37 超现实主义家居空间

由莫斯科设计事务所设计出来的超现实主义室
内设计，构成了一个完整的住宅概念。通过结合不
同时代的苏联设计来实现的、颓废的俄罗斯帝国风
格与极简的现代设计相遇，形成了时空糅合的空间
感受。

图 7-38 玛丽莲·梦露

　　安迪·沃霍尔（1928—1987）被誉为20世纪艺术界最有名的人物之一，是波普艺术的倡导者和领袖，也是对波普艺术影响最大的艺术家之一。沃霍尔的作品包含了那个年代社会现象的总和，从玛丽莲·梦露到毛泽东都曾出现在他的作品中。

动写作法"，追求一种"纯粹精神的自动反应"。

　　超现实主义是从达达主义内部分化出来的，它直接从弗洛伊德的潜意识学说中汲取思想养料，致力于探讨人类经验的先验层面，试图突破现实观念，把现实观念与本能、潜意识和梦的经验相糅合，以达到一种绝对和超现实的境界。超现实主义常常采用出其不意的偶然结合、无意识的发现、现成物的拼集等手法进行设计。

7.3.3　波谱艺术

　　波普艺术是英文"大众艺术"（Popular Art）的简称，"波普"为popular的缩写，波普艺术即为流行艺术、通俗艺术，也是一场自发的运动，它反对高雅艺术的美学观点，反对抽象艺术，以追求新颖、追求古怪、追求新奇为宗旨。

　　波普艺术可以追溯到20世纪初，杜尚给蒙娜丽莎加胡子和直接取用小便器的现成物作为艺术的行为。波普艺术的主题就是日常生活，反映当代文化现实，揭示这种文化上的深刻变化。在艺术表现上利用令人感到刺激的行为藐视经典审慎的魅力。在20世纪60年代，波普艺术以极快的速度发展，进入70年代，艺术发展更多元化，不断扩展媒介和技术手段。电脑和因特网加速了信息流通，这使得几乎所有领域都染上波普色彩，波普化的环境设计从历史、现实生活取材，取消历史的含义，或使日常题材

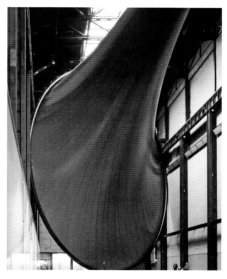

图 7-39 波普艺术在空间设计中的表现

　　空间设计中把人们熟知的物体放大，打破传统概念的尺度，从而达到强化空间效果的目的。

图 7-40 克雷·欧登博格和古珍·凡·布鲁格《勺与樱桃》

　　克雷·欧登博格和古珍·凡·布鲁格 1988 年创作的《勺与樱桃》雕塑喷泉长 16 米，由一个重 2631 千克的勺子和一颗重 544 千克的樱桃组成，造型颇为"波普"，延续了欧登博格用日常生活用品创作作品的逻辑。尽管是"庞然大物"，雕塑却非常轻盈地"飘浮"在公园草地中央的水面上，鲜嫩的樱桃似乎要沿着勺子的弧度向下滑落。除了有观赏作用，樱桃还能向外喷水。如今，它已经成为明尼阿波利斯市的象征。

图 7-41 面包圈花园　　　图 7-42 怀特海德学院拼合园

图 7-43　重庆凤鸣山公园设计

　　施瓦茨作品的魅力在于设计的多元性。施瓦茨受波普艺术的影响，她的许多作品都是日常用品和普通材料的集合。传统的造园材料，如石、植物、水体被她以塑料、玻璃、陶土罐、五彩碎石、瓦片、人工草坪，有时甚至是一些不经久的面包等人们熟悉的日常品所代替，对材料的选择充满波普的趣味，造价也相对低廉。施瓦茨认为，人们赋予了技术和材料太多的重视，而缺少对作品概念方面的关注和兴趣。设计要进步，就必须以更开放的方式考虑材料，以增加我们的设计语言。施瓦茨的许多作品选择非常绚丽强烈的色彩，接近大众，具有通俗的观赏性。

变成艺术题材。波普化不带有任何批判意味，只是与现实生活的互动。

波普风格又称流行风格，它代表着 20 世纪 60 年代工业设计追求形式上的异化及娱乐化的表现主义倾向。从设计上来说，波普风格并不是一种单纯的一致性的风格，而是多种风格的混杂。它追求大众化的、通俗的趣味，反对现代主义自命不凡的清高。在设计中强调新奇与奇特，并大胆采用艳俗的色彩，给人眼前一亮、耳目一新的感觉。波普设计的影响是广泛的，特别是在利用色彩作为表现形式方面，为设计领域吹进了一股新鲜空气，由此刺激了设计各领域和门类的大量探索。

7.3.4 大地艺术

20 世纪 60 年代末，起源于美国的大地艺术创造性地将艺术与大地景观紧密结合在一起。早期有代表性的当属罗伯特·史密斯于 1970 年设计的美国犹他州大盐湖的螺旋形防波堤。"大地艺术"的介入，扩展了环境艺术的含义，使其能在更广阔的空间中找到灵感的源泉。

大地艺术的特点：①材料的艺术。大地艺术在材料的选择上与基地紧密结合，这是大地艺术摆脱传统雕塑概念的重要标志之一，也使得雕塑与其他艺术形式之间的界限越来越模糊。②抽象的艺术。从创作手法上看，大地艺术的作品多采用减法以及几何元素组合法，因此大地艺术仍属于现代"极少主义"雕塑范畴，即用简洁的元素传达深奥的思想。如设计者常用点、直线、圆、四角锥等最为简洁的形式表达某种象征的含义。③四维空间的艺术。大地艺术强调过程的体验，这种体验不单是三维空间上的，还有四维时间上的。"艺术家用泥土创作的同时，还用时间来创作。"为了表现时间这种不可视的非物质空间，早期大地艺术作品往往强调"瞬间性"。④从宗教神学到大众文化——新都市景观。环境所涉及的场所覆盖更为广泛的历史事件，并超越了物理环境的边界。大地艺术的创作也越来越认识到他们无法摆脱或隔离历史与现实。

大地艺术是从雕塑发展而来的，但与雕塑不同的是，大地艺术与环境结合得更为紧密，是雕塑与景观环境设计的交叉艺术。现代环境设计领域注重文化形态与生态学的结合，在现代社会中，人与其在生存环境的关系也不再是神圣的朝拜，更多的是一种文化的体验。大地艺术的叙述性、象征性、人造与自然的关系，以及表现出的自然的神秘性，都在当代环境设计的发展中起到了不可忽视的作用，促进了现代环境设计在这一方向的延伸。

图 7-44　犹他州大盐湖的螺旋形防波堤

　　罗伯特·史密斯的"大地艺术品"就像所有的地景艺术一样，都涉及了风景画类型，但又不仅仅是再现自然，螺旋形防波堤本身就是风景。

图 7-45　克里斯托和珍妮·克劳德《被包裹的德国议会大厦》

　　美国最具有影响力之一的雕塑家、景观设计师野口勇，早在 20 世纪初大地艺术产生之前，就已成功地将雕塑概念扩展到风景空间，使大地不再是展示作品的背景，而是作品本身的组成部分。这种将大地作为超大尺度的雕塑进行设计的手法，在很多作品中都有体现。如詹克斯夫妇 1990 年设计的私家花园，1992 年由建筑师、艺术家合作设计的巴塞罗那北站广场等。

图 7-46　詹克斯的私家花园

　　詹克斯夫妇1990年建造的私家花园的建造设计源自科学和数学的灵感，建造者充分利用地形来表现这些主题，如黑洞、分形等。设计中采用了许多曲线，波浪线是花园中占主导地位的母题，土地、水和其他要素都在波动，詹克斯甚至将这个花园称为"波动的景观"。整个花园中最富戏剧效果的是一座绿草茵茵的小山丘和一个池塘。螺旋状的小山和反转扭曲的土丘构成了花园视觉的基调，水面随地形而弯曲，形成了两个半圆形的池塘。

图 7-47　重庆绿地 · 听江左岸景观

　　大地艺术在现代景观设计中的表现。

7.4 现代哲学的设计影响

7.4.1 现代哲学的转向

（1）现象学

德国哲学家埃德蒙德·胡塞尔于 20 世纪初期创立了现象学。现象学，即为研究外观、表面迹象或现象的学科。现象学是当代哲学体系中形而上的最为重要的组成部分。作为一种典型的哲学思维态度和典型的哲学方法，现象学的理论研究开始关注空间环境的整体感知，并以此作为环境空间设计的重要依据。现象学的本质是一种世界观，它以意识现象为立足点探求世界的本源，并提出"体验"的概念。现象学重归作为人的感知要义，冲破了纯粹科学主义与风格主义的藩篱。现象学认为事物的本质是在不断变化的人的体验之中获取的，通过环境的塑造建立丰富的心理感知，是场所的营建，是让生活主导空间、让空间回馈生活。现象学的世界观与认识论使得设计实践继后现代主义之后进入了以人、场所、环境等因素构成的整体性空间体验为创作核心的阶段。

现象学对环境设计的影响：一方面更加注重环境的体验与感知，即场所与场所精神的塑造；场所就是自然环境和人造环境结合的有意义的整体。任何场所都具有明确的外部特征与文化特征，这种特征构成了一套特殊的存在含义，也就是"场所精神"。另一方面，设计中强调"文脉"的设计隐喻，在设计中通过文化、形态或空间的隐喻创造有意义的内容和形式，以体现自然理想或基地场所的历史与环境。再则，现代哲学将叙事引入广义的方法论范畴，环境设计师常将叙事体现在隐喻、象征等手法中，通过故事构成环境的叙事性设计。就广义叙事而言，空间形式就是场所关系的展现，一个有意味的场所通常具有叙事性。

（2）符号学

符号学肇始于 20 世纪初索绪尔创立的日内瓦语言学派，恩斯特·卡西尔在他的基础上发展了符号学。卡西尔认为人是符号的动物。人类的全部文化都是人类自身以他自己"符号化"的活动所创作出来的"产品"，而它们内在的相互联系就构成了一个人类文化的有机整体。文化是通过人造符号与符号系统在时间与空间传递的，同时，人也不断地以"符号活动"的方式创造并发展着文化。

任何视觉符号都有一定的文化内涵，体现在一定的情感结构中。符号正是通过它的形式或形式的组合表征着某种意义。视觉符号的象征性被视作含蓄的表意符号，是被赋予内涵的，不仅在形式上使人产生视觉联想，更为重要的是它能唤起人们的思考、联想，进而产生移情，达到情感的共鸣。

图 7-48　大黄鸭

　　2013 年在香港维多利亚港展出的荷兰艺术家弗洛伦泰因·霍夫曼的作品大黄鸭，每天吸引超过 50 万观众。有人将这种现象称为"致我们终将失去的童年"。"大黄鸭"具有全球化时代艺术的典型特征，它挑战我们对艺术的固有看法，今天的新艺术，将借助美的普遍性，寻求跨文化的共享，建立基于审美共识上的人类新文化。

图 7-49　罗斯福总统纪念园

　　设计以一系列花岗石墙体、喷泉跌水和植物创造出四个空间，代表了罗斯福的四个时期和他宣扬的四种自由；以雕塑表现每个时期的重要事件，用岩石与水体的变化来烘托各个时期的社会气氛，通过环境空间对历史的宏大叙事进行阐述。

符号形式通过移植、拼贴、嫁接某些符号形式，获得某种符号意义，这是现代主义之后惯用的手法。形象符号和指示符号构成了符号形式的应用主体。后现代主义对符号形式的使用经常是折中的或戏谑的，表现为拼贴符号的能指非所指，从而创造出一些文化空虚和历史调侃的空间意向。与这种调侃式的符号形式拼贴不同，形象符号采取了历史的、时间向度的文化意义的纳入，从形象符号所产生的文化感觉印象、心理情绪和造型视觉方面推导组成新的形象符号，从而构成新颖的、有意味的环境空间。正是基于这一哲学基础，从符号学理论延展出了结构主义、解构主义理论等。

现代哲学转向，使环境设计更加关注艺术形态和科学技术背后的意义。

7.4.2　结构主义设计

结构主义设计理论是当代影响颇为广泛的设计思潮。结构主义是 20 世纪五六十年代在西欧一些国家兴起的一个哲学流派。结构主义的主要研究对象是文化，认为文化是各种表现系统的总和，主张用特定的结构观念来分析自然和社会现象。在结构主义设计理论的影响下，设计师关注人类生存环境的各种复杂关系，他们认为，在任何具体环境中，离开事物的相互关系，抽象地界定单一因素的作用是毫无意义的。结构远比功能更为重要，把一个地方转变为具有个性与意义的存在空间，使之变成体验人类的希望与生存意义的环境，比仅仅满足人类的物质功能要求更为重要。因此，结构主义企图透过事物的表层结构，去发现隐含于事物内部的深层结构，强调要素对系统的依存性，强调整体大于要素之和。从结构到形式的完全复古主义是伪文脉，仅仅靠形式的文脉，其表现是浅层次的、表面化的，而依靠符号结构则是生命力强大的、深层的。

7.4.3　解构主义设计

解构主义一词是在 20 世纪 70 年代初出现的，最初主要是就当时法国与美国的前沿文学理论而言的。解构主义从结构主义演化而来，因此，它的形式实质是对结构主义的破坏和分解。解构主义的出现在美学上形成了对后现代主义的再认识、反叛与超越，其设计美学的价值和意义是对传统设计样式的整体和谐的结构系统的解构。

解构主义哲学渗透到建筑界、景观界并逐渐演变成一种设计思维。解构主义对设计对象的本质和与设计对象相关的一切价值的拆析和消解并不是目的，其目的是要对设计对象的本质进行重新定义，对整个设计美学的审美体系进行重新整备。

图 7-50 新奥尔良市意大利广场

　　新奥尔良市意大利广场的设计大胆抽取各种古典要素符号，并以象征的手法将其再现出来。整个广场以巴洛克式的圆形构图，以逐渐扩散的同心圆延伸出去，地面充斥着意大利地图；古罗马的五种柱式、帕拉蒂奥母题的变形组合和凯旋门……这一切象征符号以模棱两可或不确定的变形、断裂、反射手法加工组合起来。

图 7-51 达拉斯联合银行大厦喷泉广场

　　广场建立在两套网格体系上，其中一个为 5 米边长的树坛网格，格点上共有 200 个圆形或半圆形种植坛。另一个边长 5 米的网格格点正好落在树坛网格的中央，全部由泡泡泉组成。广场的铺地尺寸也与树坛网格一致。除了铺地与步道以及少量的地被植物外，其余均为规整的水池，水面约占总面积的 70%。设计师试图以此加强景观的偶然性、主观性，加强时间和空间不同层次的叠加，创造出更加复杂、丰富的空间效果。

图 7-52　米勒花园

　　米勒花园由丹·克雷设计，他从几何结构出发探索了景观与建筑之间的联系。他的设计通常从基地和功能出发，确定空间的类型，然后用轴线、绿篱，整齐的树列和树阵，方形的水池、树池、平台等古典语言来塑造空间，注重结构的清晰性和空间的连续性。

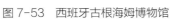

图 7-53　西班牙古根海姆博物馆

环境设计的解构方法：一是对完整、和谐的形式系统的解构。环境设计成了一种即兴创作，一种随意的拼凑，一种支离破碎的古怪堆积，当然景观符号与语言符号不同，后者是任意的，而景观符号的"能指"是有实用功能的，"形式游戏"在很大程度上要服从"能指"的构成规律。二是对中心论的解构。传统的环境设计都会在设计中安排一个聚焦空间为中心，但解构主义认为这种空间等级的划分是不合理的，因此要打破这种固定空间的思维惯性，代之以更具有前瞻性和弹性的空间组织形式。三是对功能意义与价值的解构。否定理性的、武断的价值观，提倡模糊的功能意义和多元价值观。四是对确定性的解构。比如伯纳德·屈米从反类型学的角度出发在建筑领域提出了一种混沌理论，即建筑的非功能特性理论，由此对建筑的确定性和传统性本质提出挑战。基于这种认识，环境设计中空间在功能意义上具有交换性和不确定性，我们不得不接受形式和功能这种异乎寻常的交换性。

现代环境设计的造型与色彩、样式与内容等是其重要的艺术表征，也是现代设计艺术美思潮的价值体现。探究环境设计对艺术语境的吸收、借鉴，分析现当代艺术对环境设计的影响，思考艺术思潮发展的内在规律，是丰富和构建环境设计美学理论体系和设计创作应用的重要内容。

图7-54　拉·维莱特公园

　　拉·维莱特公园是西方后现代园林的典范，它既不是传统的法国园林，也不是自然造化的英国式园林。公园建造于"解构主义"这一艺术流派逐渐被广大设计师认可的年代，解构主义是当时非常新派的艺术思潮，将既定的设计规则加以颠倒，反对形式、功能、结构、经济彼此之间的有机联系，提倡分解、片段、不完整、无中心、持续变化等，认为设计可以不考虑周围的环境或文脉等，给人一种新奇、不安全的感觉。公园在建造之初，就把目标定为：一个属于21世纪的、充满魅力的、独特并且有深刻思想意义的公园。它既要满足人们身体上和精神上的需要，同时又是体育运动、娱乐、自然生态、科学文化与艺术等诸多方面相结合的开放性的绿地，并且，公园还要成为各地游人交流的场所。建成后的拉·维莱特公园展示着法国的优雅、巴黎的现代和热情奔放。

图 7-55　柏林犹太人博物馆

　　建筑的"之"字形折线平面和贯穿其中的直线形"虚空"片段的对话，形成了这座博物馆建筑的主要特色。博物馆的环境是里勃斯金德的建筑解构主义思想的延伸和扩展，表达了与建筑一致的主题。草地上不同方向穿插的线形看上去非常凌乱，充满了冲突与矛盾，铺装与建筑外墙上纵横交错的线形窗户相呼应。

图 7-56　霍夫曼花园

　　修建霍夫曼花园是为了纪念那些被迫离开家园的犹太人，象征着流放和逃亡。49 根空心混凝土柱斜立着指向天空，柱上茁长生长的绿色植物象征着犹太民族的勃勃生机。柱间的地面是倾斜的，走在其间，人们跌跌撞撞，无法平衡，于是更能体会到犹太人的坎坷经历。

知识重点：

    1. 现代艺术发展的特点以及对环境设计的影响。

    2. 理性抽象艺术的设计影响与风格表现。

    3. 非理性抽象艺术的设计影响与风格表现。

    4. 现代哲学的转变对环境设计的影响。

作业安排：

    1. 结合章节内容，分析现代艺术发展的基本线索与特征。

    2. 结合章节内容，思考结构主义与解构主义的内容与设计表现。

    3. 结合设计案例，分析理性抽象艺术影响下的环境设计艺术特征。

    4. 结合设计案例，分析非理性抽象艺术影响下的环境设计艺术
      特征。

扫描二维码，
学习更多知识。

8 |
环境设计文化美学特质

沙里宁说："让我看看你的城市，我就能说出这个城市的居民在文化上追求的是什么。"

环境设计广泛的外延和丰富的内涵形成了环境美学的多样存在和多元的审美习惯。文化作为人类生产生活方式及物质与精神成果的总和，深刻地影响着民众的行为模式、思维方式、生活情趣和价值观念。

8.1 文化的内涵与特征

8.1.1 文化的认知

文化是一个非常广泛的概念，是人类创造的一切物质产品和精神产品的总和，其定义一直存在着争议，本书中的文化主要是指一个国家或地区的历史地理、风土人情、传统习俗、行为方式、思考习惯、价值观念、文学艺术等。文化是人们在发展过程中积累下来的生活经验与知识，是人类主观意识及其水平的反映。以经济和技术为主导的全球化促进了文化的融合，也带来了各地区的文化意识危机。设计的创造离不开文化的滋养，环境设计美学价值离不开受众情感和审美的共鸣，这也必然决定了环境设计美学对文化的关注。

8.1.2 文化的基本特征

（1）文化是在人类的进化过程中衍生出来或创造出来的

文化受自然环境和人类社会物质生活条件的制约，文化的一切方面，从语言、习惯、风俗、道德一直到科学知识、技术等都是后天习得的。自然存在物不是文化，只有经过人类意识加工制作出来的东西才是文化。如天然的石头不是文化，但加工成石器之后便产生了石器文化；自然生长的茶不是文化，但人介入之后便有了茶文化。

（2）文化是人类共同创造的社会性产物

文化必须为一个社会或群体的全体成员共同接受和遵循，否则便不能称为文化。比如传统文化所倡导的"仁、义、礼、智、信"，被广泛地接受并成为用以处理人际关系的道德准则，成为社会广泛的共识，成为我国传统文化的组成部分。

（3）文化是一个渐进的不间断的动态发展过程

文化既是一定社会、一定时代的产物，又是一份社会遗产，还是一个连续不断的积累过程。每一代人都出生在一定的文化环境之中，并且自然地从上一代人那里继承了传统文化。同时，每一代人又根据自己的经验和需要对传统文化加以改造，在传统文化中注入新的内容。

（4）文化具有时代性、地区性、民族性和阶级性

民族形成以后，文化便常以民族的形式出现。一个民族使用共同的语言，遵守共同的风俗习惯，养成共同的心理素质和性格，此即民族文化的表现。如古希腊文化、罗马文化、中国文化、日本文化等。在阶级社会中，由于各阶级所处的物质生活条件不同、社会地位不同，他们的价值观、信仰、习惯和生活方式也不同，因此出现了各阶级之间的文化差异。

8.2　中国传统文化的构成与影响

民族是具有共同语言、地域、经济生活以及表现为共同文化和共同心理素质的稳定共同体。中华民族优秀传统文化以儒家、道家、佛家为主干，三者相互影响、相互融合，共同作用和影响着环境美学的形成与发展。

8.2.1　儒家文化

在中国文化发展史上，儒家学说是中国传统文化的主流思想，深深地影响并主导着中国文化发展的历程。儒家的核心观点为"仁""礼""中庸之道"等，这种思想在环境领域表现为伦理有常、尊卑有序。比如城市建设中宫城居中，左祖右社：宫城居当中，左边建祖庙，右边建社稷台；左文右武：左边是孔子庙，右边是关公庙；左府右衙：左边是衙门，右边是城隍庙。建筑重视中轴布局，比如典型传统民间的四合院方正、大气，布局形式内外有别、长幼有序的设计都体现了儒家的观点。

儒家文化倡导人与自然和谐相处，认为天、人是相通的，有"万物一体"之说。在这种思想的影响下，中国传统园林遵循"师法自然"的美学准则，把建筑、山水、植物有机地融合为一体，在有限的空间范围内利用自然条件，模拟大自然中的美景，经过加工提炼，把自然美与人工美完美地统一起来，创造出"本于自然，高于自然"，与自然环境协调共生、天人合一的艺术综合体。

儒家"以物比德"的思想也对环境审美产生了一定的影响，体现在环境设计中便是对寓情于景、情景交融、寓意于物、以物比德的重视。如孔子评论松柏云："岁寒，然后知松柏之后凋也。"梅高洁傲岸，兰幽雅空灵，竹虚心直节，菊冷艳清贞，中国文人笔下的"四君子"，成为中国人感物喻志的象征。儒家比德思想将一花一草、一石一木赋予道德属性，视其为品德美、精神美和人格美的一种象征。

图 8-1　世界文化遗产颐和园西堤

　　世界文化遗产颐和园西堤仿杭州西湖苏堤而建,从南向北依次筑有柳桥、练桥、镜桥、玉带桥、豳风桥、界湖桥,六桥造型各异。游西堤,如入景中画、画中景。品四季(春夏秋冬):春花、夏荷、秋柳、冬枝。品四时(朝午夕夜):朝霞、午雪、夕阳、夜月。品四候(风雨雪雾):风桥、雨湖、雪亭、雾船。品四景(湖山塔桥):湖光、山色、塔影、桥韵。

图 8-2　梅、兰、竹、菊

8.2.2 道家文化

道家文化对环境的影响贯穿古今，体现了"天人合一"的人与自然和谐相处的理念。道家认为"道"是宇宙的本源，亦是万物存在的根据，认为自然界本身是最美的，即"天地有大美而不言"。而中国古典园林之所以崇尚自然、追求自然，实际上并不在于对自然形式的模仿，而是在于对潜存于自然之中的"道"与"理"的探求。在道家思想的影响下，以自然仙境为艺术题材的园林应运而生。如秦始皇在渭水之南建的上林苑，《关中记》便载有"上林苑设牵牛织女象征天河，置喷水石鲸、筑蓬莱三岛以象征东海扶桑"的描写。

8.2.3 禅学思想

禅宗是佛教文化东渐而在中国文化土壤上形成的中国佛教宗派。它不仅吸收了佛教诸派思想以及玄学思想之所长，而且还融合了中国文化中有关人生问题的思想精髓。在禅学看来，人既在宇宙之中，宇宙也在人心之中，人与自然并不仅仅是彼此参与的关系，更确切地说是两者浑然如一的整体。将禅宗思想融入中国园林创作，从而将园林空间的"画境"升华到"意境"，这就为园林这种形式上有限的自然山水艺术提供了审美体验的无限可能性，即打破了小自然与大自然的根本界限。这在一定的思想深度上构筑了文人园林中以小见大、咫尺山林的园林空间。同时，佛学理念在审美风格上体现出了"静""清""朴实"，恰同道家面向自然的审美理念一致，设计风格简单、古朴，空间布局平淡自然，通过"平淡无奇"的暗示，触动审美直觉和感受，从而在思维的超越中实现某种审美体验。

8.2.4 风水理念

风水学，在古代又称堪舆术。风水的历史相当久远，风水一词早见于晋朝郭璞："气乘风则散，界水则止。古人聚之使不散，行之使有止，故谓之风水。"早期的风水主要关乎宫殿、住宅、村落、墓地的选址、朝向、建造方法及原则等，即临场校察地理，研究人类赖以生存发展的微观物质（空气、磁场、水和土）和宏观环境（天、地、黄道面倾斜角度）。通过审慎周密的考察，了解自然，顺应自然，有节制地利用和改造自然，创造良好的居住与生存环境，赢得最佳的天时与地利，达到天人合一的境界。风水的核心思想是人与大自然的和谐，追求的是天人合一，对中国传统的环境美学影响深远。比如古代城市环境布局规划讲究风水，讲究方位，在建筑建造、空间布局与室内陈设等环境改造方面都以风水理念作为基本原则，折射出对居住和使用者的人文关怀。

以现代环境科学的视角分析，风水学实际上就是地理学、地质学、星象学、

图8-3 留园小蓬莱

图8-4 福建土楼

　　福建土楼是世界独一无二的山区大型夯土民居建筑，主要由客家人所营建。福建土楼依山就势，就地取材，吸纳中国传统建筑的风水理念，适应聚族而居的生活和共御外敌的防御要求，堪称中国传统民居的瑰宝。

图8-5 平遥古城

　　平遥古城的民居建筑布局严谨、轴线明确、主次分明、轮廓起伏，外观封闭，大院深深，是迄今汉民族地区保存最完整的古代民居群落。

气象学、景观学、建筑学、生态学以及人体生命信息学等多学科的综合。某种意义上讲风水学和现代环境科学殊途同归。

8.3　中国传统文化背景下的环境美学特点

环境设计作为协调人与自然、人与社会关系的存在，在满足人与社会需求的同时，还是一个传承文化的载体。

8.3.1　天人合一的美学追求

"天人合一"是中国传统文化关于人与自然和谐共生的最为核心的哲学思想。这与现在所倡导的可持续发展理念不谋而合。"万物与吾一体"之说，即是儒家对于"天"与"人"和谐关系的基本论述，道家认为"道"是万物之本的基本观点，亦是探寻人与自然的共生关系的准则。天人和谐的理想追求，对中国传统人居环境具有深远而重要的意义。比如以传统村落为例，村落的选址、布局、设计都力求与自然结合。

8.3.2　含蓄中庸的美学表达

中庸、内敛、含蓄是民族文化孕育出的国人性格。这种含蓄中庸的文化气质首先赋予了环境美学注重意境的表达，是物象与意象的多重审美；其次，在美学表达方面，强调设计的整体统一，讲究设计的节制有度，追求设计的至善和谐。比如建筑选址考究，注重体量组合变化，建筑装饰与环境和谐，实现建筑美与自然美的融合。《老子》"大音希声，大象无形" 亦是同理。再者，在审美情趣方面，设计崇尚宁静淡雅，反对过度装饰。这恰恰契合了密斯·凡·德·罗"少即是多"的设计理念。比如中国传统明式家具的式样、工艺和美学表达对于现代设计仍产生着积极的影响。

8.3.3　巧工天物的美学呈现

在中国传统文化中，"巧"是一个重要且独特的概念。设计评价以"巧"作为主要尺度，也常以"巧夺天工"作为对技艺的最高评价。"巧"是创意灵巧、构思奇巧、技艺精巧的比喻。《考工记》中记载"天有时，地有气，材有美，工有巧，合此四者然后可以为良"，这即是对"巧"的价值与造物关系的论述。在现代设计体系中，巧不仅是工艺技巧，还是对工艺表达与设计目标的准确判断，对设计目标的尽善实现，对设计创造因素的综合思考，对工艺手段的无尽苛求。国内设计文化学者胡飞认为设计创造之"巧"永远都是一个无法完全揭示的黑箱。这也充分体现了"巧"作为传统文化精神的博大精深，是需要我们在创新设计中不断探索和研究的课题。

图8-7　祈年殿

北京天坛主体建筑祈年殿是一座三重檐攒尖顶建筑，它以三种不同色彩的屋顶分别象征万物、大地和青天。

图8-6　留园冠云峰

冠云峰因其形又名观音峰，是苏州园林中著名的庭院置石，观赏石被赋予人文内涵，因审美需要而艺术安置，充分体现了"瘦、漏、透、皱"的特点。

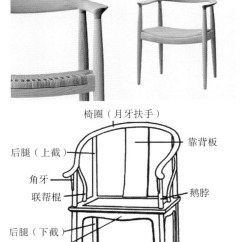

椅圈（月牙扶手）
靠背板
后腿（上截）
角牙
联帮棍
鹅脖
后腿（下截）
卷口牙子
前腿（下截）
牙条

图8-8　中国椅——明代圈椅结构图

"我试图剥去这些旧式椅子中所有的外在风格，让它们呈现最纯粹和原始的结构。"丹麦著名设计大师汉斯·韦格纳说。中国明代圈椅简约流畅的线条和科学合理的设计，给予了韦格纳巨大的设计启示，他结合现代主义设计理念，通过对脚踏、扶手、座面的不断修改，打造出这把被命名为"中国椅"的经典设计，成功地赋予中国明式家具和审美新的时代演绎。

图 8-9　真武阁

　　建于明万历元年（1573）的真武阁，由 3000 个木构件吻合搭建，历经数百年仍安然无恙。二层阁楼的四根柱脚运用"杠杆原理"形成悬柱奇观，被誉为"天南杰构""天下一绝"。因其结构奇巧，民间传说将真武阁誉为鲁班建造的"神仙楼"。

　　在中国传统美学潜移默化的影响下形成的特有的造型语汇、创作方法及其反映的文化内涵，作为我们民族文化的一个重要组成部分，是人民智慧的艺术结晶，是环境设计创作的宝贵素材，越来越受到现代人的喜爱，甚至得到世界的认可。

8.4　中西方文化差异下的环境美学

　　所有的设计美学思想都是在不同时期、不同文化背景下形成的审美标准和客观存在。不同的人文环境、不同文化背景孕育了独特的设计观念，文化的差异形成了具有文化特色的美学特征。基于东西方美学特质的哲学体系和人文精神影响着我们关于环境的审美价值、审美情趣，也折射出文化对环境设计美学的重要意义。

8.4.1 审美文化的差异

中国传统的审美观念强调整体性和综合性，以和为美，主张人与自然的辩证统一；强调主体性，借物抒情，以意为源，重在情感上的感受和精神上的领悟；强调中和，以形为义，突出自然美的主体地位，强调超越形式的精神体验。西方审美思维基本继承了古希腊的审美形式观念。这种美学价值始终渗透着一种以数学和几何学的测量为基础的科学精神。注重客体性，强调万物的客观准确性，以真为本，天人相分。强调审美的精确性，认为"真"决定"善"和"美"，忽视道德的价值，追求形式上的完善。正如日本学者岩山三郎所说："西方人看重美，中国人看重品。"

中国传统审美观念造就了中国人淡泊、含蓄及简约的审美情趣。在审美意识中，提倡运用比喻、联想的审美方式。西方强调物质的客观性，习惯用固有的审美意识审视审美对象，并从中获取原本自己认可的审美感受，审美方式带来了直观、具体的审美体验，却也客观地限制了审美者的自由思维。

8.4.2 建造材料与装饰的差异

材料是环境建造的物质基础。建筑材料的不同，体现了东西方物质文化、哲学理念的差别。从建造材料来看，在现代建筑未形成之前，世界上发展成熟的建筑体系，包括属于东方建筑体系的印度建筑在内，基本上都是以砖石为主要建筑材料，属于砖石结构系统。如埃及的金字塔、古希腊的神庙、古罗马的斗兽场、中世纪欧洲的教堂等，这些建筑无一不是用石材筑成的。哥特式教堂是石造的，古希腊的大量神庙是石造的，古罗马的大量神庙以及广场等世俗类建筑也是石造的。到文艺复兴时期的建筑、17世纪的古典主义建筑、18世纪的宫殿及宗教建筑，其主要形式也都是砖石结构，仅适当以玻璃等材质作为装饰。

中国建筑与世界其他所有建筑体系都以砖石结构为主不同，是独特的以木结构为主的体系。如辽代木塔，是以土木为材的建造，其机智而巧妙的组合所显现的结构美和装饰美体现了中国人的智慧。对有机的结构构件和其他附属构件的进一步加工，如内外装修、彩画、木雕、砖雕、石雕等，形成了独特的中国建筑与环境装饰，并影响了日本、朝鲜等邻国。受地理环境不同的影响，在材料的选择上也呈现了地域性差异和特征。南方园林多用青砖碧瓦，北方建筑多用红黄色系的砖瓦。

中西建筑材料的不同，带来了审美上的差异。一般而言，以土木为材料的中国建筑质地柔软而自然，可塑性强，质感自然而优美。以石为材的欧洲建筑质地坚硬、沉重且可塑性弱，但在质感上阳刚气十足。

8.4.3 构建结构的差异

材料的性能决定了建造的结构方法与逻辑。中国古代建筑是"框架式结构"体系，即采用木柱、木梁、斗拱构成房屋的基本构架，屋顶与房檐的重量通过梁架传递到立柱上，墙壁只起到隔断的作用，结构轻盈通透，给人以灵动的观感。硕大的屋顶辅以漂亮的反曲线和轻巧多姿的翼角，给予一种柔性的适应感，使之与山水林木等自然环境和谐统一。相比较而言，西方建筑尤其是欧洲建筑，不追求结构之美，体现出了与自然相抗衡的态度。那些纯粹几何形的基本造型元素，与自然界山水林泉柔和的轮廓线呈现出对比和反差。尤其是神庙以及其他重要建筑物的立面上，往往以柱廊与柱式的组织去体现结构之美。

8.4.4 空间布局的差异

中国传统的空间布局重视群体组合之美。群体式空间格局，多采用均衡对称的严谨构图方式，沿着纵轴线与横轴线进行设计。比较重要的建筑都安置在纵轴线上，次要房屋则安置在左右两侧的横轴线上。例如：北京明清宫殿、明十三陵、曲阜孔庙即是以重重院落相套

图 8-10　古罗马的斗兽场

图 8-11　应县木塔

图 8-12　传统建筑装饰　　　　　　　　　　图 8-13　传统建筑构造

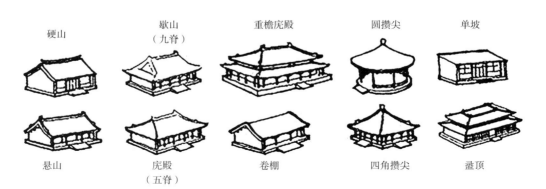

硬山　　歇山（九脊）　　重檐庑殿　　圆攒尖　　单坡

悬山　　庑殿（五脊）　　卷棚　　四角攒尖　　盝顶

图 8-14　传统建筑的屋顶形式

而构成规模巨大的建筑群。各种建筑前后左右有主有宾合乎规律地排列着，体现了中国古代社会结构形态的内向性特征、宗法思想和礼教制度。但有些类型如园林、某些山林寺观和某些民居则采用了自由式组合。不管哪种构图方式，都十分重视对中和、平易、含蓄而深沉的美学追求，体现了中国人的民族审美习惯。

西方多为单体式空间格局，呈现"广场式"的布局特征。建筑形态向高空发展，强调建筑的个体风格。城市布局围绕着一座或几座有市民公共活动中心性质的教堂进行布局，街道或自由曲折，或作放射状伸展，城市外围形状一般也不规则。园林景观多以对称规则的形式布局，道路整齐笔直，广场规模宏大，强调秩序、规则、条理、模式。以北京故宫和巴黎卢浮宫作比较，前者是建筑群体，气势恢宏；后者则采用"体量"的向上扩展和垂直叠加，由巨大而富于变化的形体形成巍然雄伟的整体形象。

中国院落式内敛性布局，体现了自省、含蓄、恬静、淡泊的审美情趣，重在情感上的感受和精神上的领悟。西方广场式开放性布局，体现了西方开朗、活泼、规则、豪华、热烈、激情的审美喜好，突出了人类征服自然的力量。不同的文化背景，环境美学表现出了东西方较大的异质性，这种异质性也折射出了不同民族、不同地域的文化差异。同时，环境设计作为补偿现实生活境遇的某些不足，满足人类自身心理和生理需要手段，也必然决定了环境设计的人性关怀和人文属性。

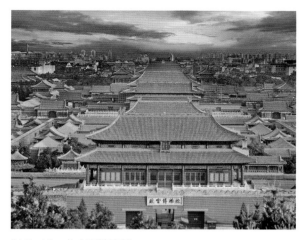

图8-15　北京明清宫殿

图8-16　明十三陵

图 8-17　曲阜孔庙

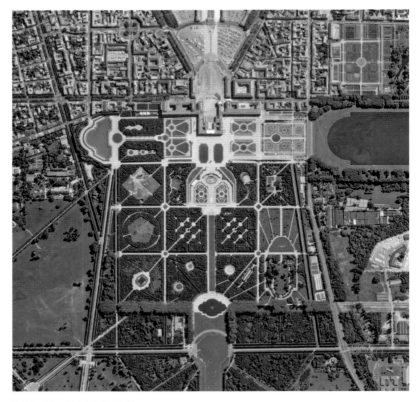

图 8-18　法国凡尔赛宫

图 8-19　欧洲古典园林

图 8-20　意大利 Palmanova 小镇

图 8-21　意大利卡塞塔皇宫

8.5　环境设计本土化发展

随着全球化的推进，社会高度的现代化、快速的信息化，文化格局也发生转变，全球化与本土化的双向发展成为当今世界文化发展的基本走向。现代环境设计将民族文化中的美学理念、审美观念与现代环境设计相融合，成为环境设计美学领域发展的设计主流。

最具有全球化特征的设计运动是流行于 20 世纪的现代主义设计。经过几十年的发展，现代主义设计完成了艺术对技术的介入，形成了与标准化工业大生产相一致的具有极强现代性的美学特征，迅速影响到世界各国，受到了全世界的追捧。在现代化进程中，罗兰·罗伯逊提出了"全球本土化"概念。20世纪下半叶，很多国家与地区逐渐完成了对现代主义设计的本土化建构，并形成了具有本土区域文化特色的设计美学，其中日本尤为典型。

日本是一个善于吸收借鉴他国文化并且融合到本国文化当中的国家。在漫长的历史发展过程中，日本学习借鉴了很多国家的文化，尤其是中国，他们通过自身不断的学习来丰富提升自己国家的文化实力，从而发展成为当今富有日本特色的本国文化。

顺从自然、崇拜自然是日本文化中非常显著的一个特征。大部分的日本人都以天地山川、自然草木作为自己的姓氏，如山田、铃木、佐藤等。日本人敏感、细腻的文化情结，挖掘和提炼了自然精髓，把对有限环境的认识投射到精心组织的环境设计中去。建筑物以及房屋装饰方面，大部分的日本人倾向于保持建筑材料自身特色，除了寺庙装修之外，他们很少有人会在建筑物上上漆，也不会利用过多的家具以及装饰物来装点自家的庭院，整体风格以淡雅朴素为主。同时，日本建筑物深受中国传统文化的影响，环境美学展现出深刻的中国文化烙印，表现在环境的审美方面，更注重对自然的诠释和提炼，体现了对自然的感悟和纯净的审美特点。最具代表的日本枯山水用卵石和白砂隐喻水面，用置石表现山脉，用埽目理出水纹，借理水手法布置水池岸线，简单的描绘把自然山水的意境推向了极致，成就了日本园林的经典。

日本文化具有很强的文化包容性，同时，对于自己本国的文化依旧非常推崇。在设计领域，一方面，在借鉴西方现代设计经验的基础上，日本在现代设计美学上实现了国际化与全球化；另一方面，在继承民族文化与美学的基础上，日本的设计经过不断洗练、高度提炼，逐渐形成了自己的民族设计美学特征。日本的设计被看作人类文化方面的一项重要活动，是一种具有民族个性的行为。

图8-22　龙安寺方丈庭院

　　龙安寺方丈庭院，被联合国教科文组织指定为世界文化遗产。寺院以石庭而闻名，是日本枯山水庭院抽象美的代表。日本枯山水以白砂、石块和苔藓等简朴元素构造的精神化庭院，与郁郁葱葱、小桥流水式的华丽庭院相比，"一沙一世界"的"枯山水"乍看毫不让人感觉惊艳，但在修行者眼里它们就是海洋、山脉、岛屿、瀑布，寥寥数笔即蕴涵着极深的寓意。

图8-23　枡野俊明

　　枡野俊明是日本当代景观设计界最杰出的设计师之一，他的作品继承和展现了日本传统园林艺术的精髓，准确地把握了日本传统庭院的文脉。他的作品总是能够给人以自然、清新的气息。

　　枡野俊明先生一向将景观创作视为自己内心世界的一种表达，将"内心的精神"作为艺术中的一种形式表现出来，他的作品往往充满了浓厚的禅意，体现了一种淡定、沉静的修为，方寸之间、意犹未尽。主要作品有：曲町会馆"青山绿水的庭"、今治国际饭店中庭"瀑松庭"、科学技术厅金属材料技术研究所中庭"风磨白练的庭"、加拿大驻日本使馆庭园、新渡户纪念庭园的改造"通向小岛的木桥"、香川县立图书馆、麴町会馆；曹洞宗祇园寺紫云台前庭"龙门庭"等。

图8-24　青山绿水的庭

图 8-25 瀑松庭

图 8-26 日本国立代代木竞技场

　　1964 年，丹下健三在为东京奥运会设计的国立代代木竞技场建筑中，将他对地区性的思考完美地诠释了出来，也成为日本全球本土化设计的一个典型案例。这栋建筑令人联想起日本的民居住宅，让人感到安稳沉静。它自然的、流动的外形既可以诠释为日本传统的建筑，也可以是对现代建筑的一种解答。

除了日本以外，北欧、德国、意大利等也在第二次世界大战后逐渐实现了设计美学的本土化建构，成为世界设计美学发展的重要代表。在国际化快速发展的今天，设计本土化融合发展不是简单的"拿来主义"和文化符号的粘贴。它是传统与时代特性的接轨与对话，是对本民族文化精神的尊重与传承，也是环境设计领域发展的必然趋势。

8.6　我国环境设计本土化发展的启示

随着经济发展和全球重心向东方转移，以及对本民族文化的认同感不断加深，许多的设计从业人员开始更多地关注传统文化的价值，这是一种文化的复兴，也是当前我国经济发展和产业升级提出的必然要求，也是我国环境设计学科发展的方向和趋势。

8.6.1　民族文化精神与形态表达

形态，简单来讲是设计对象实现设计意图的物质呈现模式。所谓"形"是指物体的造型、结构和外部形象，是具体的、客观的。"态"则更多地蕴含了情感传递和思想内质，是抽象的、主观的。中国传统文化精神对形态的理解往往赋予了更多的审美情趣。形态被视为物体的"外形"与"神态"的结合。《地理史记》中记载"喝形"即山水取象之义，源自远古，就是传统文化对形态认识的较好例证。如果说"形"是设计创意的表现，那么"态"则是设计内涵的赋予。设计师通过形态的暗示功能表达情感，将功能和情感意象与形态本身的"形"的特征和"态"的意象融合起来才是真正好的设计。

图 8-27　装置《紫气东来》

中国驻美国大使馆室内装置《紫气东来》的设计元素提取自中华汉字形态元素。《紫气东来》以象形文字中蕴含的中国传统哲学思想和文化价值为设计表现的语言，将"云""水""雾""霓"等各种形态的文字作为天地灵气的象征，整个作品由 300 个左右大小不等的文字排列构成，赋予吉祥寓意，具有浓厚的东方气质。整个作品的创作渗透了对传统文化的理解，并通过现代设计手段赋予了鲜明的时代特点。

图 8-28　2015 年意大利米兰世博会中国国家馆

　　设计的主题是"希望的田野，生命的源泉"，设计的理念正是对"天、地、人"的诠释。"天"是中华文化信仰体系的核心，既是宇宙自然，也是万物存在的道理和规律的象征。"地"是万物生灵的依托，是润泽万物的承载。"人"是天地孕育生命与灵性的象征。"天地人和"蕴含了中华民族的智慧与精神，并通过综合设计手段，朴素而睿智地回应着天地福祉的赐予，传播着中国博大厚重的文化精神，展示着泱泱大国的气度与风范。

8.6.2　民族文化精神与材质认识

物华天宝、物尽其用是民族文化精神对材料认识的基本价值观念。这与当下的生态环保理念异曲同工，都是对材料自身特性的全面科学的认识和合理的应用。人们往往给物品对象赋予更多品德美、精神美和人格美，这种品格化的寓意也赋予了现实事物更多的精神承载。恰如季羡林先生所说：这种看重品的美学思想，是中国精神价值的表现。

8.6.3　民族文化精神与建构传承

建构一词源于建筑设计领域，是指从设计预想到搭建实体的过程。这里所指的建构，不仅是指技术手段，还包括实现过程中对工艺的完美契合的探究过程和工匠精神。"郑之刀，宋之斤，鲁之削，吴粤之剑，迁乎其地而弗能为良，地气然也。"《周礼·考工记》中的记载亦是对技艺和工艺近乎苛刻的考究与追求。蕴含了工艺技术和工匠精神的中国传统建构思想表现在当下的设计领域，就是对材料的最佳利用，对人机的准确把控，对工艺的无比苛求，对成果的完美展现。继承和发扬传统建构思想，对设计创新具有积极的意义。

中华民族传统文化历久弥新，认知和了解其蕴藏的深厚的审美价值、审美情趣，构造美学形态的哲学体系和文化精神，将优秀的民族文化精神融入环境设计活动中，用设计的语言传承文脉并赋予当代环境设计更多的文化认同和情感归属尤为重要，让中华民族传统文化精神在环境设计领域焕发出新的生命力是我国当代设计师的努力方向之一。

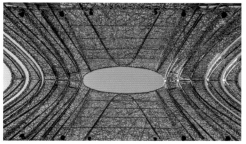

图 8-29　中国"台中竹迹馆"

中国"台中竹迹馆"是"2018 台中国际花博会"的展馆之一，外观取自中国台湾中央山脉与海岛的意象，像是一粒种子从地表长出并被水包围，材料取用极具东方文化特色的竹子，运用竹子的韧性与结构性，结合自然体现建筑美学，呈现具有张力与结构的空间特质。

竹材的设计有别于传统竹艺，竹迹馆的设计结合了建筑的工程技术和台湾竹艺编织技术，运用多种工艺塑造了一个连接过去与未来的空间。希望人们置身竹迹馆中时能够感受自然和平衡，建材的选用象征着对未来建筑的想象，意在增强人与自然的协调共存，进而与自然共生。

图 8-30　江南水乡

　　吴冠中老师笔下的江南水乡，简单静谧而又无限美好。

图 8-31　新民居设计

　　一砖一瓦，一草一木，镂空的木窗，斑驳的青石板，传统民居建筑是中华文化传承的根本所在。新的民居设计传承和优化传统建构特征，再现吴冠中笔下旧时江南"白墙黛瓦，淡墨轻岚，旧时寻常巷陌间，绿水轻舟已惘然"的景象。

图 8-32　中国美院象山校区

　　中国美院象山校区的营建方式体现了中国建"循环建造"的特点。中国美院象山校区的规划与设计在当代建筑美学叙事中重新发现中国传统的空间概念，并诠释出园林和书院的精神。旧建筑材料砖头、瓦片、石头的使用，是对当下城市大规模拆迁改造的回应。象山校区的规划与建筑设计隐含着再造东方建筑学的宏愿，也着意于建构城市园林、建筑的范本。

知识重点：

1. 文化的内涵与特征。

2. 中国传统文化的构成与设计影响。

3. 中国传统文化背景下的环境美学特点。

4. 中西方文化差异下的环境美学。

5. 环境设计本土化发展。

作业安排：

1. 结合章节内容，梳理中国传统文化的构成与特点。

2. 结合章节内容，思考中国传统文化对现代环境设计美学的影响。

3. 思考东西方文化差异下的环境审美反映。

4. 结合设计案例，思考我国环境设计本土化发展的启示。

5. 思考日本设计是如何协调现代设计理念、经验与民族文化的关系的。

扫描二维码，
学习更多知识。

参考文献
REFERENCES

［1］俞冠伊. 环境设计学科的创新与发展趋势［J］. 教育观察，2019，8（36）：129-130.

［2］田丹. 设计领域多元化审美产生的必然性与进步性［J］. 重庆交通大学学报（社会科学版），2008，8（6）：83-85.

［3］傅小凡，兰浩. 西方分析美学与中国传统美学语言观差异比较［J］. 吉首大学学报（社会科学版），2012，33（2）：23-27.

［4］毛白滔. 建筑空间解析［M］. 北京：高等教育出版社，2008.

［5］张斌. 现代哲学、美学影响下的西方景观设计解读［D］. 武汉：华中农业大学，2003.

［6］孙卉. 艺术设计中的材料美学［J］. 文存阅刊，2017（5）：176-177.

［7］柯布西耶. 走向新建筑［M］. 陈志华，译. 西安：陕西师范大学出版社，2004.

［8］绍伊博尔德. 海德格尔分析新时代的科技［M］. 宋祖良，译. 北京：中国社会科学出版社，1993.

［9］吴火，徐恒醇. 技术美学与工业设计［M］. 天津：南开大学出版社，1986.

［10］布莱恩·阿瑟. 技术的本质：技术是什么，它是如何进化的［M］. 曹东溟，王健，译. 杭州：浙江人民出版社，2014.

［11］崔柳. 景观与建筑的现象学关联　史蒂芬·霍尔的建筑与它的景观［J］. 风景园林，2015（12）：48-54.

［12］聂晶晶. 生态美学下的环境艺术设计：评《多维领域与生态化：环境艺术设计探微》［J］. 环境工程，2019，37（5）：I0004.

［13］华建环境设计研究所. 如何把室内空间的视觉最大化［EB/OL］（2020-05-18）. 知乎.

［14］裴萱. 空间美学的知识谱系与方法论意义［J］. 西南民族大学学报（人文社会科学版），2019，40（7）：166-173.

［15］丁天天.数字技术在公共艺术设计中的应用：以丹·罗斯加德作品为例［J］.艺海，2018（8）：65-67.

［16］陈健，张雪青.数字科技发展对环境艺术设计的影响［J］.同济大学学报（社会科学版），2011，22（3）：75-81.

［17］胡友峰.中国当代生态美学研究的回顾与反思［J］.中州学刊，2018（11）：150-161.

［18］于文汇.设计美学及审美要素与环境艺术设计联动性的研究［J］.艺术教育，2019（1）：186-187.

［19］张泽鸿.艺术美学的当代诠释［J］.美与时代（下），2014（1）：25-29.

［20］朱全国.感知、想象与隐喻：胡塞尔的图像意识分析［J］.西南大学学报（社会科学版），2016（3）：123-130.

［21］罗祖文.论包豪斯设计的价值维度［J］.湖北文理学院学报，2017，38（3）：61-64.

［22］兰晓娜.艺术设计之美与技术美的内涵差异［J］.明日风尚，2016（7）：59.

［23］魏峰.新技术和新材料在建筑设计中的运用［J］.山西建筑，2019（1）：11-12.

［24］王琳艳，王更新.数字技术美学的艺术创作思辨［J］.传媒观察，2018（12）：79-82.

［25］李平.设计审美的当代意义［J］.中国人民大学学报，2005，19（4）：150-155.

［26］程世卓.英国建筑技术美学的谱系研究［D］.哈尔滨：哈尔滨工业大学，2013.

［27］王峰.语言分析美学何为？——后期维特根斯坦思想对美学的启示［J］.上海大学学报（社会科学版），2015，32（2）：84-95.

［28］王安安.环艺设计"空间"的感知与界定［J］.美与时代（上），2011（3）：74-75.

［29］汤枚.形式美学视角下视觉元素在城市环境艺术中的体现［J］.美与时代·城市，2017（1）：53-54.

［30］张学峰，张春萌，陈长燕，等.形式美学法则在植物景观设计中的应用［J］.山东林业科技，2019，49（1）：72-74，77.

［31］韩德信.当代中国美学：走向生态美学［J］.山东理工大学学报（社会科学版），2003（6）：26-30.

［32］孙磊.水泥基材料设计应用价值研究［J］.包装工程，2016，37（12）：184-187.

［33］李思逸.康德与黑格尔美学理论方法与构架的比较［J］.文学教育（上），2010（1）：106-109.

［34］黄若愚，程相占.论环境设计艺术中的生态美学：以《生态美学——环境设计艺术中的理论与实践》为讨论中心［J］.求是学刊，2020，47（2）：143-153，2.